JN098882

図説
電気回路の考え方

～見えない電気が見えてくる～

白藤 <ruby>白藤<rt>しらふじ</rt></ruby> 立 著

電気書院

はじめに

　本書は，電気回路について初めて学ぶ人を対象として書いた本です．「電気」という名称のついた概念，製品，技術などは多岐にわたっていますが，電気というものは目に見えるものではありませんので，なんだかよくわからないというのが正直なところかと思います．

　そのため，多くの入門書がそうしているように，本書でも，目に見えない電気の流れを，日常的に接している水の流れにたとえて説明する章を第1章に設けています．また，そのイメージをもとにして，やや抽象化した電気回路の教科書の最初に出てくる法則を第2章で説明しています．

　多くの教科書では，電気回路の法則を説明した後は，いろいろな電気回路に親しんでもらって，「法則を使いこなす技を身につける」，「慣れてもらう」という路線で書かれていると思います．

　本書はそうではなく，第1章や第2章で知った基本的なことを，第3章以降でより深く理解してもらうということを意識して構成しました．というのは，ネット上の質問コーナーなどを見ると，ずっと水流モデルのイメージから脱却していないからではないかと思われる「電気はどこから来て，どこへ行くの」という質問や，オームの法則で「電圧が先か，電流が先か」という質問に対して，「電圧が先だ．高低差があるから水が流れるのだ」という回答を見かけるからです（本当は，どちらでもない）．水流モデルはあくまでもたとえ話ですので，やはり限界があります．初学者といえども，いつかは水流モデルから卒業をしなければなりません．とはいえ，いったい何から卒業したらよいのでしょうか．

　著者は，卒業すべきことは，「日常生活で慣れ親しんだイメージで電気の世界を理解する」ということだと思いました．ここで，「慣れ親しんだイメージ」とは，「高い所にあるものが低い所に落ちる」というイメージや，「ホースの中の水が押し出し方式で流れる」というイメージ

です．これらは，電気が流れるときのイメージとしてよく引き合いに出されます．前者にはあまり問題がないのですが，後者については，説明する側も聞く側も注意しないと，間違った理解になってしまうのです．

こうした考えに基づいて，本書では，最初に水流モデルと基本法則について知ってもらった後は，より深い理解のために必要な原子スケールのミクロなイメージや電場という概念についてまず説明をすることにしました．なお，電気の理論については，歴史的な紆余曲折がありましたので，少し本筋からずれるかもしれませんが，歴史的背景に関する説明をその間に入れてあります．

そして，前述の深い理解に基づいて，最初の水流モデルで導入した概念や電気回路の基本法則を，何も知らなかったときとは違う視点で見なおします．このときには，日常的に慣れ親しんだ現象をよりどころにして電気的現象を理解するのではなく，電気の世界の法則に基づいて理解ができるようになっているのではないかと思います（そうなることを願って書きました）．

「深い理解」のための章は，もしかすると初学者の方々には難し過ぎるかもしれません（努めて平易に説明したつもりなのですが）．また，「こんなことを初学者が知っても，役に立たない」とお叱りを受けるかもしれません．その場合は，書店で手に取った本書をすぐさま本棚にお戻しください……．

最後に，本書を世に出す機会を頂き，出版に際して多大なる忍耐を持って筆者に接してくださり，大変お世話になった（株）電気書院の田中和子様に深く感謝を申し上げます．

2021年10月

著者

目　次

第1章　電気回路のイメージ ……………………………………………… 1

01.電気回路とは？ …………………………………………… 4
02.水の流れと電気の流れ …………………………………… 7
03.電位と電位差 ……………………………………………… 9
04.電圧 ………………………………………………………… 12
05.電流と電荷 ………………………………………………… 15
06.抵抗 ………………………………………………………… 18

第2章　電気回路の基本法則 ……………………………………………… 21

01.電気回路の回路図記号による表現 ……………………… 24
02.オームの法則 ……………………………………………… 27
　【豆知識】なぜ電流は「I」なのか？ …………………… 29
03.キルヒホッフの法則 ……………………………………… 30
04.抵抗の直列接続 …………………………………………… 33
05.抵抗の直列接続による電圧の分圧 ……………………… 36
06.抵抗の並列接続 …………………………………………… 39
07.抵抗の並列接続による電流の分流 ……………………… 42
08.電圧が先か電流が先か …………………………………… 45
09.オームの法則は万能ではない …………………………… 48
10.短絡と開放 ………………………………………………… 51
11.電流計の正しい接続方法は「回路への挿入」(直列接続) ……… 54
12.電圧計の正しい接続方法は「回路をまたぐ」(並列接続) …… 57
　【豆知識】被覆導線に計測器を接続するときは被覆を剥く …… 59
13.電力 ………………………………………………………… 60

第3章　電気に関する概念形成の歴史的背景 ································ **63**

01. 電気のはじまりは琥珀から ····························· 66

02. 電気力と磁力の区別 ································ 68

03. 琥珀以外の電気力の発見と理論のはじまり ··············· 70

04. デュ・フェのガラス電気と樹脂電気 ················· 72

05. フランクリンの電気の正と負 ····················· 74

06. フランクリンによる中和現象の説明と電荷の流れ ········· 77

07. クーロンの法則と万有引力の法則 ················· 79

【豆知識】
クーロンの法則を最初に発見したのはクーロンではない!? ······ 81

08. 電気が伝達されることの発見 ····················· 82

09. 導体と絶縁体の発見 ······························ 84

10. 電池の発明と電流という概念の登場 ················· 86

【豆知識】電気という言葉のはじまりとその変化 ············· 89

【豆知識】電気という漢字のはじまり ················· 91

第4章　電子発見の歴史 ································ **93**

01. 電子発見の起源は真空放電の研究 ················· 96

【豆知識】真空放電の研究を支えたガラス職人ガイスラー ········ 97

02. 真空放電から陰極線の研究へ ····················· 98

【豆知識】陰極から原子が飛び出ると考えたプリュッカー ········ 99

03. 陰極線は負電荷を持つ粒子! ····················· 100

【豆知識】最初，陰極線は曲がらなかった!? ············· 101

04. 陰極線の粒子は原子よりも小さい! ················· 102

【豆知識】電子の発見者は本当にトムソンか? ··············· 103

05. ミリカンによる電荷素量の計測 ····················· 104

06. 導線中の電流が電子の流れであることの検証 ··············· 105

【豆知識】そもそも原子の中にコーパスクルはあるのか? ········ 106

第5章　原子と電子による電気的現象の説明 ·················· **107**

01. 原子の中にあるもの ······················· 110

02. 電子の軌道と殻，そして価電子 ····················· 113

03. 原子の電荷とイオン化 ···················· 116

04. 絶縁体はなぜ電気が流れにくいのか ··········· 119

　　【豆知識】「貴ガス」それとも「希ガス」？ ········ 121

05. 金属はなぜ電気を流しやすいのか ·········· 122

06. 摩擦帯電はなぜ起こるのか ·············· 125

07. 金属の静電誘導 ·················· 128

08. 絶縁体の誘電分極 ···················· 131

09. 帯電のイメージの修正 ·················· 134

10. 電荷移動のイメージの修正 ················ 137

11. 「正電荷が右へ」と「負電荷が左へ」は同じこと？ ········· 140

第6章　電場の概念の導入 ·················· **143**

01. 電場という概念のはじまり（遠隔作用と近接作用） 146

02. 電場の定義と表現方法 ·················· 148

03. 複数の原因電荷による電場の合成 ·········· 151

04. 一様な電場 ························ 154

05. 電場を「坂の勾配」で表現する ············· 157

第7章　電位，電圧，起電力，電力の再認識 ·········· **161**

01. 物理学における仕事とエネルギー ·········· 164

02. 電位とポテンシャルエネルギー ·········· 167

03. 負電荷が感じる電位は上下逆転 ··········· 170

04. 電位よりも電圧（電位差）が重要 ············ 173

05. 電圧の数値とその正負の意味 ············ 175

06. 電場は電位勾配である ················· 178

07. 電池の役割の再認識 ················ 182

　　【豆知識】電池を意味するバッテリーは軍事用語だった！？ ······ 185

08. なぜ電圧と電流のかけ算が電力になる？ ········· 186

09. 電力のゼロと正負 ··················· 189

　　【豆知識】半導体のpn接合というもの ··········· 192

第8章　帯電の再認識 ················· **193**

01. 接触帯電の原理 ···················· 196

02. 絶縁体の接触帯電 ················· 199

03. 金属の接触帯電 ··················· 202

04. 帯電後の金属内部は中性で電場がゼロ ··· 205

05. 金属の接触帯電の実験················ 208

第9章　電流と抵抗の再認識 ··········· **211**

01. 回路が断線していると電流は流れないのか？ ·········· 214

02. 閉路を形成するとなぜ電流が流れるのか？ ········ 218

03. 電流ゼロでも自由電子は高速で動いている！？ ··· 222

04. 電流のイメージ「じわじわ」「ずれる」 ········· 224

05. 自由電子のドリフト速度はなぜ一定？ ········· 227

06. 電流の再確認と電流密度という概念の導入 ····· 230

　　【豆知識】不遇の人，オーム ············· 232

07. 抵抗の大小は何で決まる？ ·············· 233

08. 導線の寸法による抵抗の違いの正しい理解 ······· 236

09. 抵抗と抵抗率／コンダクタンスと導電率 ········· 239

10. 電熱線はなぜ熱くなる？ ················· 242

11. 電球はなぜ光る？ ···················· 244

12. 電子は電場の号令で一斉に動く ·········· 247

第10章　電気回路の基本法則の再認識 ··········· **251**

01. 電気回路の理論における抽象化 ··········· 254

02. 電気回路の理論は近似理論である ········· 257

03. 電気回路の理論における大前提 ·········· 260

【付録】単位の前の接頭辞 ················· **262**

参考文献 ···························· **264**

索引 ······························ **266**

電気回路のイメージ

Chapter **1**

電気回路の中では「電気が流れている」のですが，「電気」なるものは目で見ることができません．そのため，自分の頭の中でイメージを持つ必要があります．これが「電気」を難解なものにしているようです．目に見えないものを相手にしてその挙動を理解するための近道は，普段からなじみのあるものに類比させてイメージを持つことです．第1章では，「電気の流れ」を「水の流れ」に対比させることで，本当は見ることのできない電気の世界をイメージしてもらい，「電位」，「電位差」，「電圧」，「電流」，「電荷」，「抵抗」という電気的な現象を説明するときに使う電気の世界に特有の概念を理解してもらおうと思います．

　ただし，本章での理解は，あくまでもたとえ話による理解です．つまり，電気の世界の法則ではなく，重力が作用する世界の法則に基づく理解です．さらに言い換えれば，「わかった」ではなく，「わかったつもり」なのです．本当に「わかった」になるためには，水流のイメージから卒業しなければなりません．次章以降では，そのための説明がなされています．とはいえ，入学しないことには話になりませんので，まずは本章で電気や電気回路のイメージを持ちましょう．

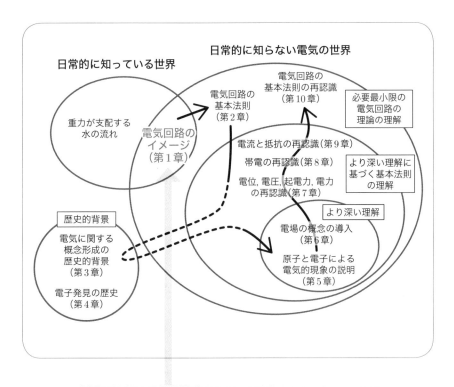

01. 電気回路とは？

02. 水の流れと電気の流れ

03. 電位と電位差

04. 電圧

05. 電流と電荷

06. 抵抗

Chapter 1
01 電気回路とは？

　私たちが日頃からお世話になっている電気製品は，暖める，照らす，動かすなど，様々な機能をもっています．こうした機能が電気を使ってきちっと働くためには，「電気回路」というものが必要になります．

簡単な電気回路の例

　皆さんは，懐中電灯をご存じだと思うのですが，その原理図を描くと図1-1のようになります．電池のプラス極とマイナス極が導線で電球と接続されていますね．このようなものを電気回路といいます．

　この電気回路では，電池が蓄えている化学エネルギーが電気エネルギーとなって導線などを伝って電球に供給されます．電球に供給された電気エネルギーは，私たちにとって便利なエネルギー（光や熱）に変換され，照明などの目的で利用されています．

　このように「電気」なるものは，私たちに便利さを与えてくれるのですが，どうやってそんなことをしているのでしょうか．そのことを知るためには，電気回路の中で起こっていることを理解しなければなりません．本節以降では，いくつかのたとえ話を使って，電気回路の中で起こっていることについて説明していきます．まずは，電気回路の特徴に注目してみましょう．

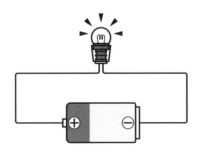

図1-1　簡単な電気回路の例．

電気回路は必ず「ぐるっと一周」

図1-1を見るとわかると思いますが，電気回路はぐるっと一周する経路（これを一般に回路といいます）を形成しています．それゆえに，「回路」という言葉を使います．実は，この「ぐるっと一周する」は，電気回路が機能するための必須条件になります．例えば，図1-2に示すように，導線の1カ所でも切断されると，電球は光らなくなります．

なぜなのでしょうか．「それはね…」といって即座に答えたいところですが，この答えは簡単には説明できないのです．第9章1節でその答えを説明しているのですが，その説明を理解するためには，第9章までの説明を理解していただく必要があるのです．ですので，それまで頑張って本書を読んでみてください．

なお，理由はともかくとして，断線していると電気回路が機能しないという現象は，電球の点灯・消灯を導線の接続・切断でコントロールできることを意味し，私たちにとってはとても便利です．なぜなら，私たちが，スイッチで電気機器を自由にオン・オフできるのは，電気回路がこうした性質を持つからなのですから．

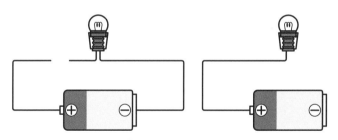

図1-2 電気回路は「回路」になっていないと機能しない．

電気回路には「何かが流れている」

本書での電気回路の話は，まだ始まったばかりですが，先述のように導線が1カ所でも切断されてしまうと電球が点灯しないということは，電気回路の中で起こっていることを知る手がかりを与えてくれています．すなわち，電気回路が機能するときには，「何か」がそこを流れており，ぐるっと一周しているよ

うだ，ということです．現段階では，何が流れているのかはわかりませんが，これを「電気が流れている」と表現することにしましょう．

「電気の流れ」を「水の流れ」で理解しよう

　「電気が流れている」とはいうものの，「電気」なるものは目で見ることができません．そのため，自分の頭の中でイメージを持つ必要があります．次節以降では，「電気の流れ」を「水の流れ」に対比させることで，本当は見ることのできない電気の世界をイメージしてみましょう．

水の流れと電気の流れ

電気は目に見えませんので，何かモデルを考えて，頭の中でイメージしなければなりません．そのモデルの一つが「水流モデル」です．水流モデルでは，回路において「電気が流れている」という状態を，「水が流れている（循環している）」というイメージで考えます．

なぜ水流モデル？

水の流れと電気の流れの性質には，実は以下のような共通性があります．

〈水の流れ〉
・水にとっての「高い」「低い」がある．
・高い所にある水は低い所に流れようとする．
・高い所にある水は低い所に流れるときに仕事をする能力がある．
・低い所にある水は勝手に高い所に流れたりしない（汲み上げる必要がある）．

〈電気の流れ〉
・電気にとっての「高い」「低い」がある．
・高い所にある電気は低い所に流れようとする．
・高い所にある電気は低い所に流れるときに仕事をする能力がある．
・低い所にある電気は勝手に高い所に流れたりしない（汲み上げる必要がある）．

以上の共通性から，図1-3（a）の電気回路に「電気が流れている」という状態を水流モデルでイメージすると，同図（b），（c）のように「水が流れている（循環している）」というイメージになります．

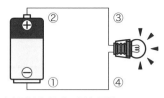

（a）電池と電球の電気回路

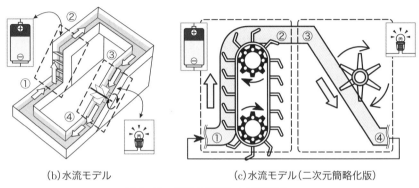

（b）水流モデル　　　　　　　　（c）水流モデル（二次元簡略化版）

図1-3　電気回路の水流モデル.

水の流れと電気の流れの比較

　図1-3（a）の電気回路で①と②の間にある電池は，同図（b），（c）の水流モデルで水を低い所から高い所に汲み上げているベルトコンベア（①⇒②）に例えることができます（ポンプに例える場合もあります）．つまり電池は，電気の世界の低い所から高い所に電気を汲み上げるベルトコンベアやポンプのような役割を担っているのです．

　高い所に汲み上げられた水は，低い所に落ちるときに仕事をすることができます．例えば，同図（b），（c）では，③⇒④の経路で高い所から低い所に落ちるときに，水車を回す仕事をしています．これと同様に，高い所に汲み上げられた電気も，低い所に落ちるときに仕事をすることができます．同図（a）の場合には，電気が③⇒④の経路で高い所から低いところに落ちるときに，電球を光らせるという仕事をしています．これ以外にも，高い所に汲み上げられた電気は，電熱線を暖める，モーターを回すなどの様々な仕事をすることができます．

03 電位と電位差

　本節では，電気の世界の「高い」「低い」の概念を扱うときに使う「電位」，「電位差」，「電位勾配」の概念について説明します．

電位

　電気の世界における高さに相当するものを「電位」といいます．この「電位」という用語を用いて前節で列挙した電気の性質を書き下すと，次のようになります（図1-4は，これらの性質を図にまとめたものです）．

> ・電気にとっての「高い」「低い」があり，これを「電位」という．
> ・高い電位にある電気は，低い電位に流れようとする．
> ・高い電位にある電気は，低い電位に流れるときに仕事をする能力がある．
> ・低い電位にある電気は，勝手に高い電位に流れたりしない
> 　（汲み上げる必要がある）．

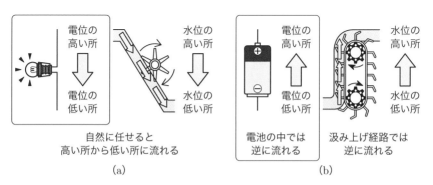

図1-4　電気が流れる向きと電位の「高い／低い」の関係．電気は高電位から低電位に流れようとするが，電池の場合は汲み上げなので逆になる．

電位差と電位勾配

　実は電気回路では，**「電位」そのものよりも，2点間の電位の差を表す「電位差」の方が重要**になります．これは，図1-5（a）を見るとわかると思います．全体の高さが違っていても，2点間の高低差が同じであれば，その2点間を滑り落ちる水がもつ能力（例えば，水車を回す能力）は同じです．電気の世界でも，これと同じなのです．

　また，同図（b）に示したように，高低差だけではなく，勾配も水の流れ方を大きく左右します．緩い勾配であれば流速が遅く，急な勾配であれば流速が速くなります．これと同様に，電気の世界でも，**2点間の電位の差だけではなく，その2点間の距離によって決まる電位勾配が重要**となります．つまり，急な電位勾配であれば電気が流れる速度が速く，緩い電位勾配であれば，電気が流れる速さが遅くなります．

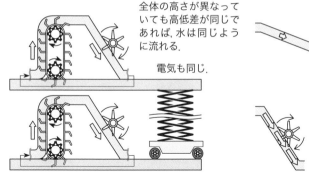

全体の高さが異なっていても高低差が同じであれば, 水は同じように流れる.

電気も同じ.

「高さ」よりも「高低差」が重要.
「電位」よりも「電位差」が重要.
(a)

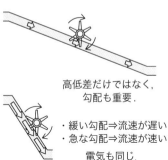

高低差だけではなく, 勾配も重要.

・緩い勾配⇒流速が遅い
・急な勾配⇒流速が速い
　電気も同じ.

「高低差」だけでなく「勾配」も重要.
「電位差」だけでなく「電位勾配」も重要.
(b)

図1-5　「高さ」よりも「高低差」や「勾配」が重要.

ボルト（電位の単位）

　高さや高低差を表すときには，「1メートル」（または「1m」）というように，数値と単位を用いて表しますね．電位の場合も同様です．ただし，単位は，電

位専用の「ボルト」(英語：volt，記号：V) という単位になります．例えば，「この点の電位は1.5 V です」，「この2点間の電位差は1.5 V です」という言い方をします．「ボルト」という単位は，電池を初めて発明したイタリア人科学者のボルタにちなんでいます．

　一方，電位勾配は，(2点間の電位差)／(2点間の距離) で表します．これは，通常の勾配，つまり (高低差)／(距離) と同じ考え方です．電位の単位が [V] でしたので，距離を [m] で表すならば，電位勾配を数量化したときの単位は [V/m] となります．

04 電圧

　前節までの説明では，水が自然に流れる理由として，「高低差があるから」という理屈で説明しました．一方，「水圧がかかっているから」という説明もできます．水が高い所から低い所に落ちるときには，高低差が大きいほど，水圧は大きくなります．また，低い所から高い所に汲み上げるときにも，圧力の向きが逆になりますが，より高い所に汲み上げるときには，より大きな水圧が必要となります．同様のことが電気の流れにもあてはまります．

電圧とは

　電気の世界では，**電位差のある部分に対して，「水圧」に相当するものを考えます．これを「電圧」といいます．**「水圧」の場合と同様に，「電圧」についても，「落ちるとき」と「汲み上げるとき」では圧力の向きが逆になります．電気の世界では，**「落ちるとき」の圧力を「電圧降下」といい，「汲み上げるとき」の圧力を「起電力」**といいます．

電圧降下

　「落ちるとき」，つまり電圧降下については，図1-6（a）に示したように，以下のような電圧がかかっていると考えます．

　・電位の高い側から低い側に電気を流そうとする電圧がかかっている．
　・電位勾配に沿って電気を流そうとする電圧がかかっている．
　・プラス側からマイナス側に電気を流そうとする電圧がかかっている．

　なお，電圧については，水圧と同様に「かかる」という動詞を使い，「電圧がかかる」といいますが，電圧降下については，「ある・ない」を使い，「電圧降下がある」「電圧降下がない」といいます．

起電力

「汲み上げるとき」，つまり起電力については，図1-6(b)に示したように，以下のような電圧をかけていると考えます．

> ・マイナス側からプラス側に電気を汲み上げる電圧をかけている．
> ・電位の低い側から高い側に電気を汲み上げる電圧をかけている．
> ・電位勾配に逆らって電気を汲み上げようとする電圧をかけている．

起電力の場合も，電圧のように「かかる」という動詞は使わず，「ある・ない」を使いますので，「起電力がある」「起電力がない」という言い方になります．

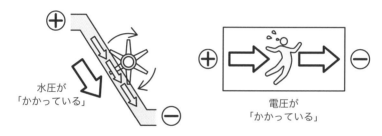

水が流れ落ちるときの水圧 　　　 電球の電圧（電圧降下）

(a)電圧降下のイメージ

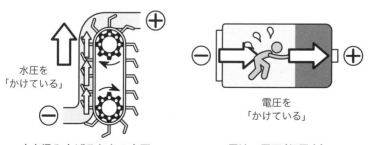

水を汲み上げるときの水圧 　　　 電池の電圧（起電力）

(b)起電力のイメージ

図1-6　電圧降下と起電力のイメージ．

電圧と電位差は同じこと

　電圧は水流モデルにおける水圧に相当すると説明しました．では電圧を数値で表すときにはどのように表すのでしょうか．実は，電気の世界では，**電圧と電位差を全く同じものとして扱います．**そのため，電圧の単位は「ボルト」（記号：V）となります．例えば，以下の文章はすべて同じことを意味します．

　・「この2点間の電圧は1.5 Vです」

　・「この2点間には1.5 Vの電圧がかかっています」

　・「この2点間の電位差は1.5 Vです」

　・「この2点間には1.5 Vの電位差があります」

　これを水流モデルに戻して考えると，「この2点間の水圧は1 mです」などと言っていることになります．圧力を長さで表すのは妙な感じですが，電気の世界では電気の流れの駆動力をすべて高低差に相当する電位差に置き換えるのだと思ってください．なお，水銀柱で圧力を計測するときの単位は［mmHg］（水銀柱ミリメートル）という長さの単位を使いますので，圧力を長さで表すことはそれほど妙なことではないのかもしれません．

　水の流れを「水流」というのに対して，電気の世界では，電気の流れを「電流」といいます．しかし，漠然とした「流れ」というイメージのままでは，電気回路を扱うときの数値計算などができませんね．そこで，ここでは，水流を数値化するときのイメージと対比させて，数値化を意識した電流のイメージを持ってもらおうと思います．

電流と電荷

　水流の大きさを表すときには，図1-7(a)のように，流路の断面を単位時間当たりに通過する水量で表します．例えば，以下のようになります．

> 水量を体積で表す場合の例：
> 　1L/s（1秒間に1Lの体積が断面を通過することを意味する）
> 水量を質量で表す場合の例：
> 　1kg/s（1秒間に1kgの質量が断面を通過することを意味する）
> 水量を水分子の個数で表す場合の例：
> 　3.3×10^{25} 個/s（1秒間に 3.3×10^{25} 個（25℃の水1Lに含まれる水分子数）の水分子が断面を通過することを意味する）

　これらと同様に，電流の場合には，同図(b)に示したように，

> 　**電気の量を「電荷」（または「電荷量」）というもので表し，電流は，1秒間に断面を通過する電荷量で表す．**
> 　電荷の単位は「クーロン」（英語：coulomb，記号：C）とする．

ということが決められています．さすがに，これだけでは何だかわかりませんので，もう少し説明しましょう．

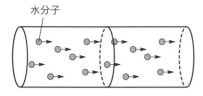

水分子

水流：1秒間に断面を通過する水の量
体積で表すと： 　　　　〇〇 L /s
質量で表すと： 　　　　〇〇 kg/s
水分子の個数で表すと： 〇〇 個/s

(a)

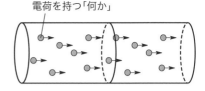

電荷を持つ「何か」

電流：1秒間に断面を通過する電荷の量

〇〇 C/s

(b)

図1-7 流量は単位時間に断面を通過する量.

電荷とクーロン

　物体が空間を占める度合いは「体積」, 物体の重さや動きにくさの度合いは「質量」という概念 (および, それを数値化したもの) で表します. これと同様に, 物体が持つ電気的性質の度合いを表す概念とそれを数値化したものを「電荷」(または「電荷量」) といいます. 体積に「リットル」(記号：L) という単位が, 質量に「キログラム」(記号：kg) という単位があるように, 「電荷」にも「クーロン」(英語：coulomb, 記号：C) という単位が与えられています. このクーロンという名称は, 電荷に関する研究で活躍したフランス人科学者のクーロンにちなんでいます.

アンペア

　電流は1秒間に断面を通過する電荷量である, としました. したがって, その単位はC/sとなります. しかし, 電流については, 個別に「アンペア」(英語：ampere, 記号：A) という単位が与えられています. すなわち, 1C/sは1Aということになります. このアンペアという名称は, 電流に関する研究で活躍したフランス人科学者のアンペールにちなんでいます.

電荷を運ぶ担い手 (実体) は何か

　水の場合には, その実体は「水」ですので, 「体積が〇〇 Lの水」とか, 「質量

が○○ kgの水」という表現をします．電気の場合には，「電荷が○○ Cの何か」という表現になりますが，実体である「何か」はいったい何なのでしょうか．それは極めて小さい粒なのですが，その性質や，なぜそんな物が存在するのかについては多少複雑になりますので，第3〜5章で詳しく説明することにします．今の段階では，体積や質量のある何やら小さい粒子が，電荷を持っていて，その小さい粒子が流れることで電流になっていると思ってください．なお，電荷を持った粒子の実体が何かということまで気にしないときには，その粒子のことを**荷電粒子**といいます．

06 抵抗

　本節では，電流が流れるときの「流れにくさ」の指標である「抵抗」について説明します．抵抗は，単に電流の流れにくさの指標となるだけではなく，電圧や電流を自在に操ったり，電球を簡略化して理論的に扱ったりするときに使う重要な概念です．ただし，電気の世界で本当に起こっていることをイメージしながら，抵抗の概念を説明しようとすると，まだ説明していない原子や電子のことを使って説明しなければならなくなります（第5章と第9章）．そこで本節では，初学者にわかりやすい水流モデルを用いたたとえ話で抵抗の概念を説明します．

抵抗とは

　図1-8（a）のように高低差のある流路に水を流すと，水は高い所から低い所に流れます．しかし，同図（b）のように途中に障害物があると，水が素直に流れることができず，流れにくくなります．

　電気の世界でも，導線の種類や形状によっては電流が流れにくくなります．前節にて，電流は荷電粒子の流れであると説明しました．そのイメージに基づいて電流の流れにくさについて説明しようとすると，同図（c）のようになります．つまり，荷電粒子が勾配のある坂を転げ落ちて流れようとするときに，途

（a）
抵抗が小さいときの
水の流れ

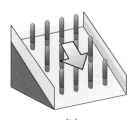
（b）
抵抗が大きいときの
水の流れ

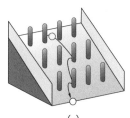
（c）
抵抗が大きいときの
荷電粒子の流れのイメージ

図1-8　抵抗の概念．

中の障害物と衝突して，素直に流れることができない状態が，「電流が流れにくい」ということに相当します（このときの障害物の正体は導線を構成している原子なのですが，これについては第9章4節で詳しく説明します）.

　電気の理論では，**「電流の流れにくさ」を抵抗という指標で表し，「電流が流れにくい」ということを「抵抗がある」，あるいは「抵抗が大きい」と表現します**．英語では，レジスタンス（resistance）といい，抵抗するという意味のresistを変形した造語です.

　なお，抵抗がある物体のことも抵抗といいます．厳密には「抵抗体」や「抵抗器」というべきなのですが，ほとんどの場合，「抵抗」と省略されています．英語では厳密に区別されており，抵抗をresistanceというのに対し，抵抗体や抵抗器のことをresistor（抵抗する物という意味）といいます.

抵抗器と抵抗体

　図1-9（a）は，抵抗器が使われている電気回路の写真です．この回路の抵抗器は，長さが約1 cm，太さが約3 mmの昆虫の幼虫のような形状をしています．電気回路に親しんだ人は，抵抗器といえばこの形状の抵抗器を頭に思い浮かべるのですが，他にも様々な大きさや形状のものがあります.

　同図（b）と（c）は，代表的な抵抗器の内部構造を図示したものです．同図（b）は炭素体抵抗といい，黒鉛と樹脂の混合物でできた棒状の物質（これが抵抗としての機能を果たす抵抗体です）が絶縁性のモールドの中に埋め込まれています．その抵抗値は，棒の断面積，長さ，導電性の黒鉛と絶縁性の樹脂の混合比

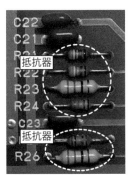

(a)電気回路の中の抵抗器

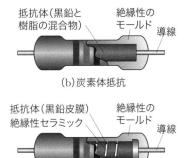

(b)炭素体抵抗

(c)炭素皮膜抵抗

図1-9　代表的な抵抗器の外観とその内部構造の図解.

で決まるのですが，その精度はあまり良くありません．同図（c）は炭素皮膜抵抗といい，絶縁性のセラミックに黒鉛の薄膜（これが抵抗体）を巻きつけたものが埋め込まれています．その抵抗値は，黒鉛薄膜の厚み，太さ，長さで決まり，抵抗値の精度が良いという特徴があります．

電球も抵抗

これまでの説明で出てきた電球の中には，図1-10に示すように，フィラメントと呼ばれる極めて細い導線が組み込まれています．このフィラメントに電流が流れると，フィラメントが明るく光るのです．

図1-10　電球の構造の概略．

しかし，通常の導線は電流が流れても光りませんね．なぜ，フィラメントは光るのでしょうか．実は，光らせることを目的とした**フィラメントは，通常の導線よりも電流が流れにくくした導線で，抵抗の一種**なのです（**電熱線も抵抗の一種**です）．

なお，どうやって流れにくくしているのか，なぜ流れにくいと光るのかについては，第9章10節と11節で改めて説明します．

コンダクタンスとは

抵抗は電流の流れにくさの指標ですが，**電流の流れやすさの指標もあります．それをコンダクタンス（conductance）といいます．**この言葉は，英語の「導く」という意味のコンダクト（conduct）を変形した造語です．つまり，電気の導きやすさを意味します．コンダクタンスの日本語訳はなく，カタカナ表記しかありませんが，強いて訳すなら導電性になると思います．また，コンダクタンスをもつ物体をコンダクタ（conductor）といいます．

「流れにくさ」「流れやすさ」に関する注意

本節では，抵抗やコンダクタンスが「流れにくさ」や「流れやすさ」を表すものであるといいました．現段階ではこの理解でいいのですが，実は，これらの値がもつ意味を深く理解すると，この理解の仕方を少し修正しなければなりません．これについては，第9章7節と8節で説明します．

電気回路の基本法則

Chapter 2

第1章では，電気回路で電気が流れている状況を，高低差のある流路で水が流れているイメージに類比させました．そして電気回路の中で流れているものを「電荷」といい，電荷の流れを「電流」ということにしました (実際には，電荷を持った粒子 (荷電粒子) が流れている)．また，それに付随する電気の世界の概念として，高さに対応する「電位」，高低差に対応する「電位差」，勾配に対応する「電位勾配」，水圧に対応する「電圧」，そして水の流れにくさに対応する「抵抗」(流れやすさに対応する「コンダクタンス」もありましたね) という概念について説明をしました．

　本章では，こうした電気の世界の概念になじむために，新しく出てきた「電位」，「電位差」，「電位勾配」，「電圧」，「電流」，「抵抗」という言葉を使って，電気の世界で成立する重要な二つの法則 (オームの法則とキルヒホッフの法則) について説明します．

　これらの法則については，水流モデルのときのイメージをそのまま適用して説明することができます．

　しかし，第1章でも言いましたが，水流モデルはあくまでもたとえ話で，水流モデルでは説明ができなかったり，無理に説明しようとするとウソになったりすることがあります (4節と6節)．かといってウソではない説明をしようとすると，第5〜7章の知識が必要となります．そのため，本章では，「間違った認識をしないようにしましょう」という注意にとどめました．上記の4節と6節における間違った認識を正すための説明は，事前の準備が必要なのでずいぶん後になるのですが，第9章の7節と8節で述べてあります．

　なお，法則を示すだけですと無味乾燥な説明になってしまいます．そのため，本章の後半では，電圧，電流，抵抗という概念を使った例題 (応用) として，電圧を分割する分圧，電流を分割する分流，そして電圧や電流を計測する電圧計や電流計の正しい接続の仕方について説明します．

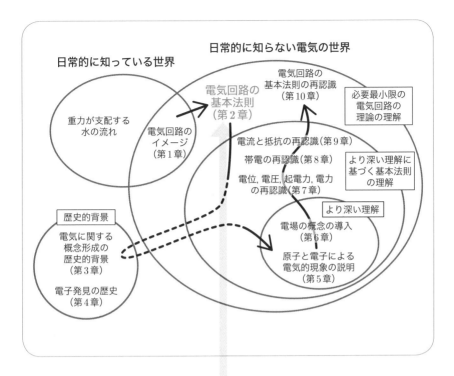

01. 電気回路の回路図記号による表現

02. オームの法則

03. キルヒホッフの法則

04. 抵抗の直列接続

05. 抵抗の直列接続による電圧の分圧

06. 抵抗の並列接続

07. 抵抗の並列接続による電流の分流

08. 電圧が先か電流が先か

09. オームの法則は万能ではない

10. 短絡と開放

11. 電流計の正しい接続方法は「回路への挿入」（直列接続）

12. 電圧計の正しい接続方法は「回路をまたぐ」（並列接続）

13. 電力

01 電気回路の
回路図記号による表現

　電気回路の分野では，回路を設計してそれを他の人に作ってもらうとき
や，本書のように回路について説明するときには，その回路において回路
素子がどのように接続されているのかを相手に的確に伝える必要がありま
す．本節では，そのために用いられる「回路図」について説明します．

配線図と回路図

　電気回路における回路素子の接続状態を表現する方法として，これまでの節
のように図2-1(a)のような絵を描く方法があります．このような絵を「配線
図」といいます．しかし，このような配線図を毎回描いていたのでは大変です
(私も大変)．そのため，簡略化した図記号による表現方法が利用されています．
それが同図(b)のような回路図です．

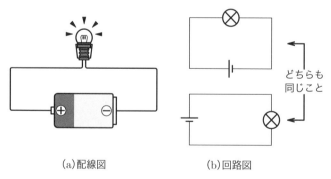

(a)配線図　　　　　　　　(b)回路図

図2-1　配線図と回路図．

　回路図も配線図も同じ電気回路を表すものですが，回路図の場合には，以下
のことに的を絞ります．

- ・何が接続されているのかを明示する（図記号で），
- ・どことどこが接続されているのかを明示する（線で）．
- ・配線は，なるべく水平か垂直の線で描く（不可能な場合もあるが）．

　これ以外の点（回路素子の向きや位置など）については，特殊な場合を除くと，電気回路の基本的な機能に影響しないので，気にしないことになっています．ですので，同図(a)を回路図で表す際に，同図(b)の上側のように描いても，下側のように描いても，その意味するところに違いはありません．

　ただし，配線図を簡略化するときに，それぞれの人が勝手な記号や作法で簡略化すると，正しく情報が伝わりません．そのため，回路図を描くときには，以下に述べるような取り決めに従って描くことになっています．

回路図で使う図記号の取り決め

　電気回路や電子回路では，様々な部品を使います．この部品のことを回路素子といいます．本節までに紹介した回路素子は，電池，電球，導線だけでした．しかし，これら以外にも多くの回路素子があり，表す記号が国際規格で定められています．欧州では，IEC（国際電気標準会議）の規格に準拠した記号を使っています．北米では，ANSI/NEMA（米国規格協会 / 米国電機工業会）の規格に準拠した記号を使っています．日本では，しばらくの間は，日本独自のJIS規格に準拠した記号を使っていましたが，もっとも広く使われている国際標準に合わせるために，1997年と1999年の2年に分けてIECの規格に準拠した記号（JIS C 0617電気用図記号）が制定され，それを使うことになりました．まだ紹介していない回路素子も含めて，よく使う回路素子の記号を図2-2に示しました．

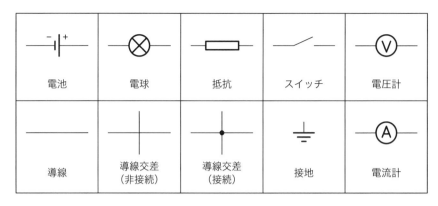

図2-2　よく使う回路素子の図記号.

02 オームの法則

本節では，物体にかかる電圧とそこに流れる電流の間に比例関係があるというオームの法則について説明します．これは，第1章の水流モデルにおいて，高低差が大きいほど，言い換えると，勾配が急であるほど，単位時間当たりに流れる水が多くなるということに対応しています．このオームの法則における比例係数 R は，第1章6節で説明した電流の流れにくさの指標である抵抗を数量化したものとなります．

抵抗では電圧と電流が比例する

電池を電球などの物体に接続すると電流が流れますが，このとき流れる電流の大きさは，図2-3に示した電圧と電流の関係のように，電池の電圧の大きさに比例します．つまり，電圧が2倍，3倍，……になれば，電流も2倍，3倍，……になる，という関係があります．この法則は，1826年にドイツ人科学者の**オーム**（Georg Simon Ohm，1789年〜1854年）によって発見されましたので，オームの法則と呼ばれています．電圧の値を V，電流の値を I とすると，オームの法則は次式で表されます．

$$V = RI \quad \text{あるいは} \quad I = \frac{V}{R}$$

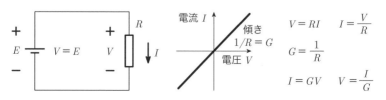

図2-3 オームの法則．

このとき，比例係数の R は，電流の流れにくさの指標である抵抗の具体的数値を表すものとなります．なぜなら，同じ電圧でも，抵抗が大きくなるほど電流が小さくなるからです．この比例係数 R を「抵抗」といいます（厳密には「抵抗値」）．抵抗の単位は，オームの業績を讃えて「オーム」（英語：ohm，記号：Ω）となっています．前式は $R = V/I$ と書くこともできますので，$[\Omega]$ は $[\mathrm{V/A}]$ と同じことを意味します．なお，オームの法則はオームが経験的に発見した法則ですが，その後の研究により理論的にも説明可能となりました．これについては，第9章7節で詳しく説明します．

コンダクタンスを用いたオームの法則

電流の流れにくさの指標が抵抗であるのに対し，電流の流れやすさの指標はコンダクタンスでした．このコンダクタンスを具体的数値で表すときには，抵抗の逆数を使います．つまり，コンダクタンスを G とすると，

$$G = \frac{1}{R}$$

となります．このようにすれば，抵抗 R が小さいとき，つまり電流が流れやすいときには，確かに G の値が大きくなりますね．図2-3のグラフの傾きもそうです．コンダクタンスを用いると，オームの法則は次式のようになります．

$$I = GV \quad \text{あるいは} \quad V = \frac{I}{G}$$

コンダクタンスの単位は「ジーメンス」（英語：siemens，記号：S）となっており，$G = I/V$ より $[\mathrm{S}]$ は $[\mathrm{A/V}]$ と同じ意味です．この単位の名称は，ドイツの電気工学者であった**ジーメンス**（Ernst Werner von Siemens，1816年〜1892年）にちなんだものになっています．

なぜ電流は「I」なのか？

　電流を表す英語は current（厳密には electric current）ですので，略記号は「C」になりそうですが，なぜ「I」なのでしょうか．その理由は，電流研究の第一人者であったフランス人，**アンペール**（André - Marie Ampère，1775年〜1836年）の論文に起因します．彼はフランス語で書いた論文の中で，電流のことを intensite de courant（訳：電流の強度，英語：current intensity）と表現しました．そして，数式中では inteisite（強度を意味するフランス語）の頭文字「I」で電流を表したのです．これが現在までずっと使われているというわけなのです．なお英国では，1896年までは，電流を表すのに「C」を使っていたそうです．

2

電気回路の基本法則

03 キルヒホッフの法則

　本節では，複数の導線や抵抗などが接続された電気回路の中の電流の流れ方や，電圧のかかり方を考えるときに必要となる基本法則を説明します．この法則は，1845年にドイツ人科学者のキルヒホッフによって発見されましたので，キルヒホッフの法則（電流則と電圧則がある）と呼ばれています．このキルヒホッフの法則とオームの法則を組み合わせることで，電気回路の基本的な解析や設計ができるようになります．

キルヒホッフの電流則

　キルヒホッフ（Gustav Robert Kirchhoff，1824年〜1887年）の電流則を簡単に言うと，以下のようになります．

> **節点では，流入量＝流出量**

　これは，電気回路の節点に流入する電流の和は，流出する電流の和に等しいということです．つまり，「**入った分だけ出て行く**」ということです．なお，節点とは，複数の導線（概念的には「枝」といいます）が接続された交点のことです．

　例えば，図2-4(a)に示すように電気回路のある部分に節点があり，その節点に接続されている各枝の電流がI_1，I_2，I_3，I_4であるとします（記号で表した電流の実際の値が正のときに，図中の矢印の向きに流れるものとします※1）．このとき，キルヒホッフの電流則を式で表現すると，次式のようになります．

$$I_1 + I_2 + I_3 = I_4$$

　この式では，左辺が流入量で，右辺が流出量です．
　この原則は，同図(b)に示した水流の合流に例えられます．合流点（電気回

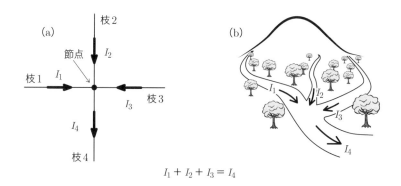

$$I_1 + I_2 + I_3 = I_4$$

図2-4　キルヒホッフの電流則の概念図．

路の節点）のどこかに漏れがあったり，どこかに溜まったりしない限り，入ってきた水の量と出て行く水の量は同じです．電流の場合も同じことなのです．

（※1）回路に描く電流の矢印について

　電流には，大きさ（電流値）だけではなく向きがあります．ですので，ある枝に流れる電流を回路図に明記するときには，その枝の近くに，0.5 Aなどの電流値，もしくはIなどの記号を書くだけではなく，向きを示す矢印を必ず添えます．厳密には，この矢印の向きは「その電流値が正のときに流れる向き」を表します．といっても，電流Iなどの記号で表した場合，その時点ではIの正負は未知です．この場合には，「こちら向きであると仮定する」という意味で矢印を描きます．実際の向きは，以下のように計算などで判明したIの正負で決まります．

・数値が正　⇒　電流の向きは，当初描いた矢印と同じ
・数値が負　⇒　電流の向きは，当初描いた矢印と逆

キルヒホッフの電圧則

　キルヒホッフの電圧則を簡単に言うと，以下のようになります．

> **閉路では，起電力（電圧上昇）＝電圧降下**

　これは，電気回路の閉路上の起電力の和は，電圧降下の和に等しいということです．つまり，同じ所に戻れば「**上がった分だけ下がる**」ということです．なお，閉路とは，ぐるっと一周する経路のことです．

　例えば，図2-5（a）のような回路を考えます（※2）．この回路の起電力はEです．一方，電圧降下は，抵抗R_1，R_2，R_3による電圧降下（＝$V_1 + V_2 + V_3$）と

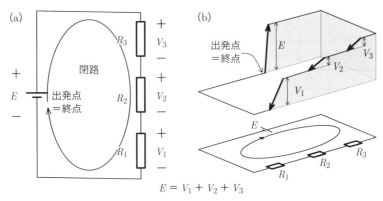

$$E = V_1 + V_2 + V_3$$

図2-5　キルヒホッフの電圧則の概念図.

なります．このとき，キルヒホッフの電圧則を式で書けば，次式のようになります．

$$E = V_1 + V_2 + V_3$$

　ここで，この式の左辺が起電力で，右辺が電圧降下の和となっています．

　この原則は，同図（b）のように高低差のある流路における上りと下りに例えられます．上りのときの経路と下りのときの経路が違っていても，出発点と終点が同じ場所であれば，その高低差に違いはありません．電圧の場合にも同じ原則があてはまるわけです．

（※2）回路図に描く電圧の＋ーについて（第7章5節に関連する説明があります）
　電圧にも大きさ（2点間の電位差）だけではなく，向きに相当するものがあります．それは，2点のどちらが高電位かという高低関係（つまり，電位勾配の向き）です．ですので，ある2点間の電圧を回路図に明記するときには，その部分の近くに1.5Vなどの電圧値，もしくは E などの記号を書くとともに，高電位側に＋を，低電位側にーを必ず添えます．この＋ーは「その電圧値が正の場合の高低関係」を表します．といっても，電圧を E などの記号で表した場合，その時点では E の正負が未知です．この場合には「この高低関係を仮定する」という意味で＋ーを添えます．実際の高低関係は，以下のように計算などで判明した E の正負で決まります．
・数値が正　⇒　電位の高低関係は，当初の＋ーと同じ（つまり，＋側がー側よりも高電位）
・数値が負　⇒　電位の高低関係は，当初の＋ーと逆（つまり，＋側がー側よりも低電位）
　なお，日本語の電気回路の教科書では，電圧の向きも矢印で表しています．電圧の高低関係を電流の矢印と同じ記号で表すと混乱しますので，本書では＋ーの記号で表すこととしました（英語の教科書ではこの作法が多い）．

04 抵抗の直列接続

　抵抗が複数あるときに，それらを数珠つなぎで接続することを「直列接続する」といいます．複数の抵抗を直列接続したものは，等価的に一つの抵抗で置き換えることができます．その抵抗を「合成抵抗」（厳密には「直列合成抵抗」）といいます．

直列合成抵抗

　図2-6(a)の直列接続された各抵抗の抵抗値R_1，R_2と，同図(b)の合成抵抗の抵抗値Rには，

$$R = R_1 + R_2 \tag{1}$$

という関係があります．すなわち，直列接続のときの合成抵抗値は各抵抗値の和となります．抵抗の個数が増えれば，足す数を増やすだけです．

　これは，**同じ電圧であれば，抵抗を直列接続すると流れる電流が少なくなる**ということを意味します．これを水流モデルで説明するならば，第1章6節の**水の流れを邪魔する障害物が増えたので余計に流れにくくなった**，と考えたいところです．しかし，実は**その説明は間違い**なのです．その詳細について知るのは，第9章の7節と8節までお待ちください．本節では，そうした間違ったイメージにならないように，純粋に数式を用いて説明します．

直列合成抵抗の導出

　ここでは，式(1)の導出過程を説明します．なぜなら，この導出過程がオームの法則とキルヒホッフの法則の使い方を知るよい例となっているからです．

　まず，図2-6(a)の各回路素子の間のつなぎ目を節点と考えてキルヒホッフの電流則を使います．すると，各節点の上側からの流入と下側への流出は，どの節点でも同じになります．これは，

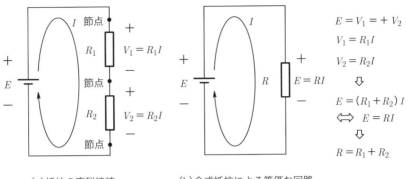

（a）抵抗の直列接続　　　　（b）合成抵抗による等価な回路

図2-6　抵抗の直列接続とその合成抵抗.

分岐のない1本の経路中ではどの部分にも同じ電流が流れる（※）

ということを意味します. つまり, 各抵抗に流れる電流 I はどれも同じなので
す. この電流 I と各抵抗の電圧を用いれば, 各抵抗におけるオームの法則を以
下のように書くことができます.

$$V_1 = R_1 I, \ V_2 = R_2 I \tag{2}$$

　次に,「起電力の和は電圧降下の和」, つまり「上がった分だけ下がる」という
キルヒホッフの電圧則を使います. すると,

$$E = V_1 + V_2 \tag{3}$$

となります. 左辺が起電力（上がった分）で右辺が電圧降下（下がった分）です.
式 (3) の V_1, V_2 は, 式 (2) の右辺で置き換えることができます. すると, 次式
が得られます.

$$E = (R_1 + R_2) I \tag{4}$$

一方，図2-6(b)のように合成した後の回路における電圧と電流の関係は，

$$E = RI \tag{5}$$

ですから，式(4)と式(5)を比較すれば，以下の関係があることがわかります．

$$R = R_1 + R_2 \tag{6}$$

　すなわち，直列接続のときの合成抵抗値は，各抵抗の和となるのです．

（※）どこを切っても同じ絵柄が出てくる金太郎飴と同じですので，著者は「金太郎飴の法則」と呼んでいます．

抵抗の直列接続による電圧の分圧

抵抗の直列接続の理屈は,「複数の抵抗が直列につながっているけど,一つにまとめたら全体としてはいくらかな」ということを考えるときに使います.一方,逆に考えると,抵抗が分割されているという見方もできます.本節では,この考え方に基づく電圧の「分圧」という応用例について説明します.

電圧は抵抗比で分圧される

一つの電圧をいくつかの電圧に分割することを「分圧」といいます.図2-7のように抵抗を直列接続すると,各抵抗にかかる電圧は,全体の電圧を抵抗比で分圧したものとなります.すなわち,

> **抵抗を直列接続すると,電圧が抵抗の比で分圧される**

となります.この原理を応用すると,一つの電池を使って任意の電圧をつくることができるのです.ただし,ある制限があります.それについては,本節の最後に説明します.

電圧分圧の関係の導出

直列接続した抵抗全体にかかる電圧 $E = V_1 + V_2$ が抵抗比で分圧されることは,各抵抗におけるオームの法則(前節の式(2))

$$V_1 = R_1 I, \ \ V_2 = R_2 I \tag{7}$$

からわかります.つまり,

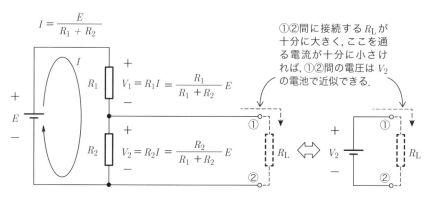

図2-7　抵抗の直列接続による電圧の分圧.

$$\frac{V_1}{V_2} = \frac{R_1 I}{R_2 I} = \frac{R_1}{R_2} \tag{8}$$

ですので，V_1 と V_2 の比率が R_1 と R_2 の比率になるのです.

　なお，V_1 と V_2 を表す具体的な式は次のようにして求めます．直列接続した抵抗にかかる全電圧を E とすると，そこに流れる電流 I は次式で与えられます（前節の式（4）を変形）.

$$I = \frac{E}{R_1 + R_2} \tag{9}$$

　これを式（7）の I に代入すると，次式が得られます.

$$V_1 = \frac{R_1}{R_1 + R_2} E, \quad V_2 = \frac{R_2}{R_1 + R_2} E \tag{10}$$

　この式からも，V_1 と V_2 が E を抵抗比 $R_1 : R_2$ で分割したものになっていることがわかります.

電圧分圧の応用例と注意事項

　電圧分圧の理屈は，「電池の電圧は $E = 5\,\mathrm{V}$ なのだけど，$2\,\mathrm{V}$ の電圧が欲しいなぁ」というときに使います．この場合には，$R_1 : R_2 = 3 : 2$ となるような抵抗 R_1 と R_2 を直列接続すれば，$V_1 = 3\,\mathrm{V}$，$V_2 = 2\,\mathrm{V}$ となります.

ところで，比率さえ3:2であれば，抵抗値は何でもいいのでしょうか．答え
はNoです．その理由を説明するためには，次節の抵抗の並列接続についても
知っておかなければなりません．ですので，この部分は次節を読んでから戻っ
てきてください．

　次節を読みましたか？　では，説明を始めましょう．

　図2-7の回路で$R_1:R_2$を3:2にすれば，確かに$V_2 = 2\,\mathrm{V}$となります．つまり，
①②の端子間は2Vの電池と同じになります．しかし，これは端子①②に何も
接続しないときの話です．もしも，端子間に新たな抵抗R_Lを接続すると，R_2
であった部分は，R_2とR_Lの並列接続に変わります．つまり，比率が変わって
しまうのです．この比率の狂いが起こる原因は，R_Lに電流が分岐するからなの
ですが，何かを接続する以上は，電流の分岐は避けられません．しかし，分岐
する電流を無視できるほど小さくすることはできます．そのためには，分岐す
る側で電流が流れにくければよいのです．つまり，R_LがR_2よりも十分に大き
ければ，端子①②の間は近似的にV_2という電圧を出す電池と等価になるので
す．

06 抵抗の並列接続

　抵抗が複数あるときに，それらを束ねて接続することを「並列接続する」といいます．複数の抵抗を並列接続したものは，等価的に一つの抵抗で置き換えることができます．その抵抗を「合成抵抗」（厳密には「並列合成抵抗」）といいます．

並列回路にはコンダクタンスを使おう

　並列回路の場合には，抵抗値を使うよりも，その逆数であるコンダクタンスを使った方がシンプルな説明になるので，コンダクタンスで説明します．そのために，図2-8（a）の並列接続された抵抗の抵抗値 R_1，R_2，同図（b）の合成抵抗の抵抗値 R に対応するコンダクタンスを，それぞれ以下のように表すこととします．

$$G_1 = \frac{1}{R_1}, \quad G_2 = \frac{1}{R_2}, \quad G = \frac{1}{R}$$

並列合成抵抗

　並列接続された各抵抗のコンダクタンスと，合成抵抗のコンダクタンスの間には，以下の関係があります．

$$G = G_1 + G_2 \tag{11}$$

　直列接続の場合には，各抵抗値の和が合成抵抗値でしたが，並列接続の場合には，各コンダクタンス値の和が合成コンダクタンス値となります．つまり，**同じ電圧でも流れる電流が多くなります**．このことを**「並列接続すると電流が流れやすくなる」と説明したい**ところなのですが，この言い方は厳密には正しくありません．なぜなら，コンダクタンスや抵抗値は，必ずしも電流の流れや

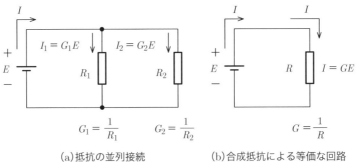

$$G_1 = \frac{1}{R_1} \qquad G_2 = \frac{1}{R_2} \qquad\qquad G = \frac{1}{R}$$

(a)抵抗の並列接続 　　　　(b)合成抵抗による等価な回路

$$I = I_1 + I_2 \quad \Rightarrow \quad I = (G_1 + G_2)\,E \quad \Leftrightarrow \quad I = GE$$
$$I_1 = G_1 E \qquad\qquad\qquad\qquad\qquad \Downarrow$$
$$I_2 = G_2 E \qquad\qquad\qquad\qquad G = G_1 + G_2$$
$$\Downarrow$$
$$\frac{1}{R} = \frac{1}{R_1} + \frac{1}{R_2}$$

図2-8　抵抗の並列接続とその合成抵抗.

すさ (や流れにくさ) だけで決まるわけではないからです. この詳細については, 第9章の7節と8節で説明しますので, それまでしばしお待ちください. ここでは, 直列抵抗の導出をしたときのように, 純粋に数式で説明をします.

並列合成抵抗の導出

以下では, 式 (11) の関係を導出します. まず, 図2-8 (a) の各抵抗に枝分かれした電流を I_1, I_2 としておきます. 並列接続された抵抗 R_1, R_2 の端子間にはどちらも同じ電圧 E (電池の起電力) がかかっていますので, それぞれの抵抗におけるオームの法則は次のようになります.

$$E = R_1 I_1,\ E = R_2 I_2 \tag{12}$$

これらの関係は, コンダクタンスを用いて以下のように書けます.

$$I_1 = G_1 E,\ I_2 = G_2 E \tag{13}$$

「入った分だけ出て行く」というキルヒホッフの電流則から，各抵抗に分岐する前の流入電流 I は，分岐後の流出電流 I_1, I_2 の和と同じです．つまり，次式が成り立ちます．

$$I = I_1 + I_2 \tag{14}$$

この式の右辺を，式 (13) を使って書き直すと，次式のようになります．

$$I = (G_1 + G_2) E \tag{15}$$

一方，図2-8 (b) のように合成した後の回路における電圧 E と電流 I の関係は，

$$I = GE \tag{16}$$

です．式 (15) と式 (16) を比較すると，

$$G = G_1 + G_2 \tag{17}$$

であることがわかります．コンダクタンスで表されたこの式を抵抗値で表せば，以下のようになります．

$$\frac{1}{R} = \frac{1}{R_1} + \frac{1}{R_2} \tag{18}$$

07 抵抗の並列接続による電流の分流

Chapter 2

抵抗の並列接続の理屈は，「複数の抵抗が並列につながっているけど，一つにまとめたら全体としてはいくらかな」ということを考えるときに使います．一方，逆に考えると，前節とは違う意味で抵抗が分割されているという見方もできます．本節では，この考え方に基づく電流の「分流」という応用について説明します．

電流はコンダクタンス比で分流される

一つの電流をいくつかの電流に分けることを「分流」といいます．図2-9のように並列接続された各抵抗に流れる電流は，分岐する前の電流を抵抗比に逆比例して分流したものになります．わかりにくい言い方ですが，コンダクタンスを使って表現すれば，

> **抵抗を並列接続すると，電流がコンダクタンスの比で分流される**

となります．つまり，**分岐先の経路の流れやすさに比例して電流が分配される**ということです．

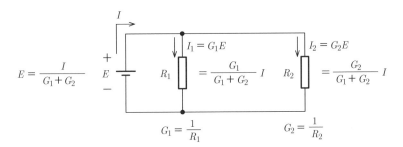

$$E = \frac{I}{G_1 + G_2}$$

$$I_1 = G_1 E = \frac{G_1}{G_1 + G_2} I$$

$$I_2 = G_2 E = \frac{G_2}{G_1 + G_2} I$$

$$G_1 = \frac{1}{R_1} \qquad G_2 = \frac{1}{R_2}$$

図2-9　抵抗の並列接続による電流の分流．

電流分流の関係の導出

分岐前の電流 $I = I_1 + I_2$ がコンダクタンス比で分流されることは，各抵抗におけるオームの法則（前節の式（13）），

$$I_1 = G_1 E, \ I_2 = G_2 E \tag{19}$$

からわかります．つまり，

$$\frac{I_1}{I_2} = \frac{G_1 E}{G_2 E} = \frac{G_1}{G_2} \tag{20}$$

ですので，I_1 と I_2 の比率が G_1 と G_2 の比率になるのです．

なお，I_1 と I_2 を表す具体的な式は次のようにして求めます．並列接続した回路にかかる電圧を E とし，そこに流れる電流を I とすると，両者の間には以下の関係があります（前節の式（15）を変形）．

$$E = \frac{I}{G_1 + G_2} \tag{21}$$

この E を式（19）に代入すると，次式が得られます．

$$I_1 = \frac{G_1}{G_1 + G_2} I, \ I_2 = \frac{G_2}{G_1 + G_2} I \tag{22}$$

となります．この式からも，I_1 と I_2 が分岐前の電流 I をコンダクタンス比 $G_1 : G_2$ で分割したものになっていることがわかります．

電流分流の応用

電流分流の理屈は，電流計の倍率器に利用されています．倍率器とは，電流計が計測できる電流の範囲を大きくするものです．電流計は電流を計測する道具ですが，その製品が対応できる最大の許容電流値があり，それを超えると電流計が壊れてしまいます．そこで，許容電流値を超える電流を計測したいときに，倍率器というものを使います．

倍率器とは，電流計に接続する並列抵抗です．例えば，電流計の計測上限が

1Aであるとします．もしも，倍率器がなければ，図2-10(a)のように，図中の電流Iがすべて電流計に流れ込みますので，計測できる電流Iの上限は1Aとなります．

しかし，倍率器が接続されていると，同図(b)のように，電流Iが倍率器と電流計に分流されます．このとき，同図のように，電流計と倍率器のコンダクタンスの比を$G_1 : G_2 = 1 : 9$とすれば，電流計に流れる電流は電流Iの1/10(＝10%)になります．つまり，倍率器をつけることで，電流Iが当初の10倍の10Aになるまで計測できるようになるのです．もちろん，ここで述べた倍率器をつけたときには，電流の指示値を10倍にして読まなければなりません．

計測できるIの
上限は電流計の
上限まで

(a)倍率器なし

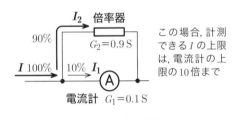

この場合，計測
できるIの上限
は，電流計の上
限の10倍まで

(b)倍率器あり

図2-10　倍率器の接続方法とその効能．

電圧が先か電流が先か

　オームの法則の説明を受けた後に，直列抵抗や並列抵抗を求める計算をし始めると，しばしばある疑問を持つ人がいます．その疑問とは，**電圧がかかったから電流が流れるのか，それとも，電流が流れたから電圧が発生するのか**という疑問です．結論から言うと，その答えは，「どちらでもない」となります．身もふたもない答えのように思えますが，本節ではその理由を説明します．

オームの法則は因果関係ではなく相関関係

　「電圧が先か，電流が先か」の答えが「どちらでもない」とはどういう意味なのでしょうか．それは，オームの法則が示しているのが，電圧と電流の間に比例関係があるという**「相関関係」**であり，どちらが原因で，どちらが結果なのかという**「因果関係」ではない**ということです．

　「電圧をかけるとオームの法則に従う電流が流れる」という言い方をしばしば見かけますが(本書でも)，これは厳密には正しくないわけです．これを厳密な言い方に変換すると，「スイッチを入れるなどの動作をすると，電圧だけではなく電流も同時に発生し，それらの間にはオームの法則に従う関係がある」という言い方になります．ただ，これではあまりにもくどいので，前者のように省略しているのだと考えてください．「電流が流れるとオームの法則に従う電圧が発生する」という言い方についても同様です．

　なお，オームの法則を使って電流値から電圧値を求めたり，電圧値から電流値を求めたりするときには，片方の値が先に判明しており，もう片方の値が後から計算で判明することになります．しかし，これは因果関係ではありません．電圧と電流は，既に同時に決まっており，値が判明する順番が前後するだけなのです．

$V = RI$ ⇒	電流の値が先に判明していれば,電圧の値が計算によって後から判明する
$I = V/R$ ⇒	電圧の値が先に判明していれば,電流の値が計算によって後から判明する

電圧と電流は,どちらも同時に同じ原因によって決まっている.
上記の前後関係は,計算のときに値が判明する順番であって因果関係ではない.

原因		結果	結果として現れた電圧と電流の間には,
過去における 電荷の空間分布	⇨	電圧　電流	比例関係という相関関係がある (オームの法則)

※「電圧と電流の原因は過去にある」に関連する説明は後述(第9章2節)

図2-11　オームの法則は相関関係であって,因果関係ではない.

では,電流と電圧の原因は何？

　これについては,第6～9章の知識が必要になります.ですので,第6～9章を読んでから,ここにまた戻ってきてください.

　実は,オームの法則を支配している基本的な物理現象までさかのぼったとしても,やはり電圧と電流の関係,言い換えると,電場と電流密度の関係は,因果関係ではなく相関関係なのです.

　第6～9章を読んでから戻ってきた人であれば,「電場があるから電荷が動くんじゃないの？」「だから電場が原因では？」と思うかもしれません.確かにその状況だけをみればそうです.では,「電場の原因は？」と問われたらどうしましょう.「あっ！電場は電荷によって形成されるものだった(第6章)」となり,堂々巡りになるのです.

　とはいえ,電圧と電流(電場と電流密度)が同時に決まっているのだとすると,それらを決めている原因が他にあるはずです.それは何なのでしょうか.その答えは,第9章2節の「閉路を形成するとなぜ電流が流れるのか」で触れている「過渡状態」と関係しています.過渡状態とは,「直近の過去の状態が原因となって,過去とは違う現在の状態がある」ということが連続的に繰り返されている状態です.電気回路における電圧と電流は,この過渡状態を経て,最終的に定常状態(直近の過去と現在に差がない状態)に至ります.このときに初めて $V = RI$ という関係が満たされます.つまり,電流と電圧の原因は何か,という

問いに対する答えは，「直近の過去における電流と電圧である．さらに過去にさかのぼると，注目している時刻よりも過去における全空間における電荷の空間分布の変化である」となるのです．末尾に「の変化である」とあるのは，スイッチを入れるという動作（変化）がそもそもの原因だからです．

　なお，上記の過渡状態は極めて短い時間で起こります．そのため，電気回路の理論では，大前提として上記のような極短時間の過渡現象を無視することになっています（後述の第10章3節を参照）．つまり，**スイッチを入れると，$V = RI$ というオームの法則やキルヒホッフの法則を満たす電圧と電流がどこからともなく突如として現れる**，と考えるのです．この大前提を無視して法則だけを習ってしまうと，「電圧と電流のどっちが先に決まるの？」という素朴だけれども，奥深い疑問を抱くことになるのです．

Chapter 2
09 オームの法則は万能ではない

　オームの法則は $V = RI$ という式で表されますが，この式だけが頭の中を支配すると，「$V = 0$ であれば，必ず $I = 0$ である」，「$I = 0$ であれば，必ず $V = 0$ である」と思ってしまうことがあります．本節では，そうではありません，という説明をします．

オームの法則の再確認

　オームの法則とは，図2-12(a)に示した抵抗の両端の電圧 V とそこに流れる電流 I の間に，同図(b)に示すような比例関係があるという法則です．V と I が比例関係にあるときには，同図(c)に示すように，それらの間には一対一対応の関係があります．すなわち，V から I がわかる，もしくは I から V がわかるという関係です．

　しかし，そうでないときがあります．それは，抵抗値がゼロ，もしくは無限大のときです．$V = RI$ という式だけを見ると，どんなときでも比例関係があると思いがちですが，**$R = 0$ や $R = \infty$ のときには，V と I は比例関係にはなく，オームの法則は成り立たない**のです．比例関係とは，V が2倍になれば I も2倍になる，I が2倍になれば V も2倍になる，という関係ですが，$R = 0$ や $R = \infty$ の場合には，後述のようにそれが成り立ちません．このような場合には，**オームの法則を(適用できないのに)適用しようとしている部分とは違うところで電圧や電流が決まります**．

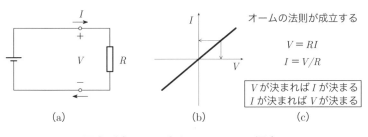

図2-12　$R \neq 0$ かつ $R \neq \infty$ の場合.

$R = 0$ の場合

　$R = 0$ とは，図2-13（a）のように，端子間が抵抗ゼロの導線で接続された状態です．このときの電圧と電流の関係を図示すると同図（b）のようになります．$V = 0$ ということは確定しますが，I の値は①の部分だけでは決まりません．①の部分に何らかの別の回路が接続されたときに I の値が決まります．例えば，同図（c）のように，実線で囲った②の回路が接続されたとすると，その中の I' が①の端子間を流れる電流 I となります．

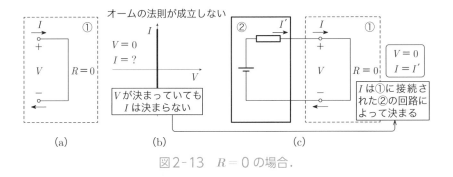

図2-13　$R = 0$ の場合.

$R = \infty$ の場合

　$R = \infty$ とは，図2-14（a）のように，端子間に何も接続されていない状態（つまり，断線状態）です．このときの電圧と電流の関係は同図（b）のようになり

ます．$I = 0$ ということは確定しますが，V の値は①の部分だけでは決まりません．①の部分に何らかの別の回路が接続されたときに V の値が決まります．例えば，同図 (c) のように，実線で囲った②の回路が接続されたとすると，その中の電圧 V' が①の端子間の電圧 V となります．

〈注釈〉現実の導線の抵抗値はゼロではありませんが，極めて小さい値となりますので，一般にはゼロと近似します．また，2 点間が断線しているときについても，実際には抵抗は無限大ではないのですが，一般には無限大と近似します．

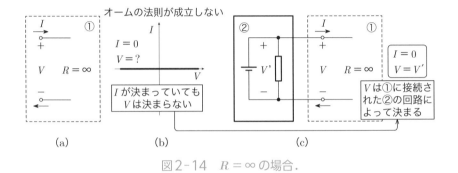

図 2-14　$R = \infty$ の場合．

10 短絡と開放

　前節では，抵抗値がゼロ（$R = 0$）や無限大（$R = \infty$）という状況について説明しました．これらに関連した電気回路の用語として，「短絡」や「開放」という用語がありますので，本節で説明しておきましょう．

短絡とは

　短絡とは，すでに何らかの回路素子などが間にある2点間を導線で接続してしまうことです．例えば，図2-15（a）のような回路の端子①と②の間を導線で接続し，同図（b）のようにしたとき，「端子①と②の間を短絡した」といいます．導線の抵抗値はゼロではありませんが，極めて小さい値です．そのため，一般には，導線で短絡したときの端子間の抵抗はゼロと近似します（前節の図2-13，$R = 0$の状態に相当します）．

短絡の影響と危険性

　図2-15（b）のように2点間を短絡すると，抵抗がゼロ（または，近似的にゼロ）の導線をその2点間に並列接続することになります．本章7節で説明したように，導線が分岐する場合，電流は各枝のコンダクタンス比で分流します．つまり，流れやすい方により多くの電流が流れます．短絡のときに接続する導線は，抵抗がゼロ（流れやすさが無限大）ですので，短絡用に並列接続した導線側にすべての電流が流れます．そのため，もともとあった2点間の経路には分岐しなくなり，図（b）の下段のように電球が光らなくなります．つまり，もともとの経路にあった回路素子は，「なくても同じこと」となりますので，実質的には，端子①と②の間を，同図（c）のように「導線で置き換えてしまう」ということと同じことになります．

　なお，電池の両端が短絡するととても危険ですので注意してください．同図（a）の場合には，端子①と②の間を流れる電流値は$I = E/R_1$ですが，同図（b）や（c）のように端子間が短絡したときの電流値は，$I = E/R_2$において抵抗R_2が

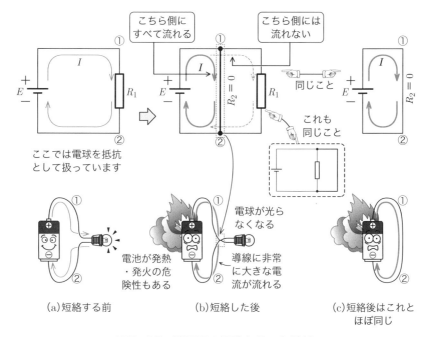

図2-15　端子間の短絡とその危険性.

ゼロに近くなるため，電流値 I が極めて大きくなります．そのため，電池が発熱したり，発火したりする危険性があるのです．

開放とは

開放とは2点間にある回路素子や導線などを取り除くことです（前節の図2-14，$R = \infty$ の状態になります）．例えば，図2-16（a）のような回路において①と②の間にある抵抗を取り除き，同図（b）のようにしたとき，「端子①と②の間を開放した」といいます．回路の一部を開放することは断線と同じですので，その部分に電流が流れなくなり，電球が光らなくなります．

なお同図（b）では，開放すると端子①と②の間の電圧 V_{12} は電池の電圧 E と同じになります．開放前の同図（a）の V_{12} は，電池の電圧 E よりも抵抗 R_1 での電圧降下（$= R_1 I$）の分だけ小さく，$V_{12} = E - R_1 I$ ですが，開放後の同図（b）では，電流 I がゼロになるために R_1 での電圧降下がなくなり，$V_{12} = E$ となるのです．

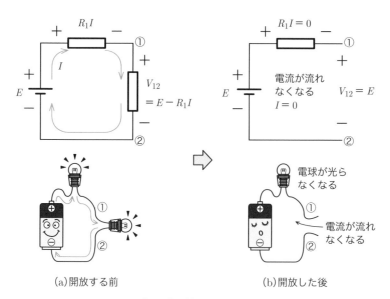

(a)開放する前　　　　　　　　　　(b)開放した後

図2-16　端子間の開放.

11 電流計の正しい接続方法は 「回路への挿入」(直列接続)

初学者であっても，電流計を使うことはあると思います．簡単な計測器ではありますが，誤った使い方をすると，正しく計測できないだけではなく，大きな事故やケガにつながる可能性があります．そこで本節では，回路に流れる電流を計測するために使う電流計の正しい接続方法について説明します．

電流計の正しい接続方法は「回路への挿入」

図2-17(a) に示す回路において，抵抗 R に流れる電流を計測したい場合を考えます．このとき，電流計の正しい接続法は同図 (b) のようになります．すなわち，電流計は，回路の中で計りたい電流が流れている部分に挿入して使います．言い換えると，計りたい電流が電流計に流れるように直列に接続します．

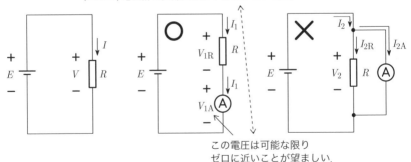

電流計は「計りたい電流が流れている経路に直列接続(挿入)」
(ただし，電流計の内部抵抗が十分に小さいこと)

この電圧は可能な限り
ゼロに近いことが望ましい.

電流計が抵抗 R に流れる
電流を計測している

電流計が抵抗 R に流れる
電流を計測していない

(a)電流 I を計測したい   (b)正しい電流計の接続   (c)誤った電流計の接続

図2-17 電流計の接続方法.

この原則を守れば，どこに電流計を挿入してもかまいません（電流計が接続される部分の電位が低い方が安全です）．

　一方，同図(c)のように接続すると，抵抗 R に流れる電流を計測したことになりません．なぜなら，計測しようとしている抵抗 R の電流 I_{2R} と電流計を流れる電流 I_{2A} は全く別の経路を流れているからです．また，電流計の内部抵抗は極めて小さいので（後述），抵抗 R の両端を短絡することに相当し，とても危険です（電流計が壊れるかもしれません）．

　なお，同図(b)のように電流計を接続すると，回路全体の抵抗が，もともとの R よりも電流計の内部抵抗の分だけ大きくなります．そのため，電流計を接続した後（同図(b)）の電流 I_1 は，接続する前（同図(a)）の電流 I よりも小さくなります．正しい計測をするためには，この違いを極力小さくする必要がありますので，**電流計の内部抵抗は極めて小さくしてある**のです．

電流計測のためには回路の切断が必要

　簡単に「回路への挿入」と言いましたが，これはかなり難しいことなのです．なぜなら，挿入するためには，図2-18のように回路を一旦切断しなければならないからです．すでに完成して機能している回路の一部を切断すれば，回路の機能が停止したり，機能不全になったりします．ですので，回路の機能を止めることなく電流計を後で挿入するのは不可能なのです．そのため，事前に電流計測が必要とわかっている部分には，回路設計の段階から電流計を仕込んでおきます．なお，図2-19のクランプメーターというものを使えば，回路を切断せずに電流計測ができます（計測する空間の空き具合や電流の大きさによっては使えないのですが）．

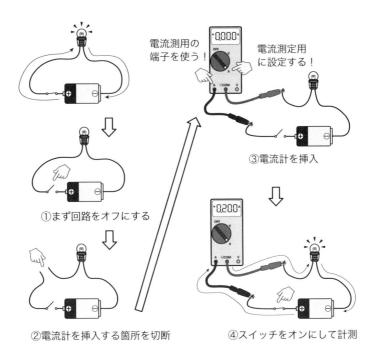

電流測用の端子を使う！

電流測定用に設定する！

①まず回路をオフにする

②電流計を挿入する箇所を切断

③電流計を挿入

④スイッチをオンにして計測

図2-18　電流計測のためには回路を切断する必要がある.

回路を切断せずに電流計測ができるクランプメーター.

図2-19　クランプメーター.

12 電圧計の正しい接続方法は 「回路をまたぐ」(並列接続)

電圧計は，電流計を少し改造したものなのですが，これについても電気計測の専門家でない限り，詳しい原理について知る必要はないでしょう．しかし，初学者であっても，その正しい使用方法は，知っておかなければなりません．そこで本節では，電圧計の正しい接続方法について説明します．

電圧計の正しい接続方法は「回路をまたぐ」

図2-20(a) に示す回路において，抵抗 R の両端の電圧 V を計測したい場合を考えます．このとき，電圧計の正しい接続法は同図 (b) のようになります．すなわち，電圧計は，回路の中で計りたい部分の両端をまたぐように接続します．言い換えると，計りたい電圧と同じ電圧が電圧計にかかるように並列に接続します．この原則を守れば，どの2点間で計測してもかまいません．

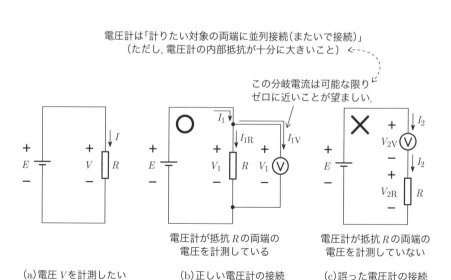

電圧計は「計りたい対象の両端に並列接続（またいで接続）」
（ただし，電圧計の内部抵抗が十分に大きいこと）

この分岐電流は可能な限り
ゼロに近いことが望ましい．

(a)電圧 V を計測したい

電圧計が抵抗 R の両端の
電圧を計測している

(b)正しい電圧計の接続

電圧計が抵抗 R の両端の
電圧を計測していない

(c)誤った電圧計の接続

図2-20　電圧計の正しい接続方法．

電気回路の基本法則

一方，同図 (c) のように接続してしまうと，抵抗 R の両端の電圧を計測したことになっていません．後述するように，電圧計の内部抵抗は極めて大きいので，同図 (c) のように接続すると，電圧計を接続した部分を開放にしたのと同等になります．つまり，抵抗 R に電流が流れなくなるのです．

　では，「電圧計の内部抵抗が極めて大きい」のは，なぜでしょうか．それは，同図 (b) を見るとわかります．電圧計が接続されて，元の回路とは違ったものになっていますので，その接続の影響を最小限にしなければ，正しい計測はできません．電圧計の場合には，並列に接続しますので，同図 (b) のように，本来なら抵抗 R に流れるはずであった電流の一部が，I_{1V} となって電圧計に分岐します．電圧計には，この分岐電流を最小限にすることが求められます．電流を小さくするためには，抵抗を大きくしなければなりません．ですので，**電圧計の内部抵抗は極めて大きなものになっている**のです．

接続のときには，それが電圧計であることを確認すべし

　前節の電流計の接続のときには，「回路を切断しなければなりません」と注意しました．電圧計の場合には，それは気にしなくても大丈夫です．回路をまたぐだけでよいので，図 2-21 のように，機能している回路であっても，2 点間に電圧計を接続するだけで OK です．

　ただし，それなりの注意事項もあります．最近の計測器は電圧計と電流計の機能を両方持っているものがあります．電圧計を接続しているつもりが，電流計モードになっていた場合には，困ったことが起こります．なぜなら，計測器のモードが電流計モードになっていると，その内部抵抗が極めて小さくなっているからです．そのようなものを図 2-21 のように接続すると，電流の大半が電流計（電圧計だと思って接続したけど）の方に流れてしまいます．電流計の内部抵抗は極めて小さいため，電池の両端を短絡したような状況になります．これはとても危険なことなのです．そのため，誤ってこのような接続をしてしまった場合には，通常は，計測器の電流計モードのヒューズが切れるようになっています．

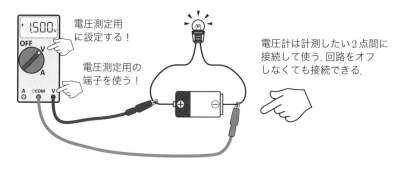

電圧測定用
に設定する！

電圧測定用の
端子を使う！

電圧計は計測したい2点間に
接続して使う．回路をオフ
しなくても接続できる．

図2-21　電圧計の接続の仕方（電圧計モードになっていることを確認！）．

豆知識 　**被覆導線に計測器を接続するときは被覆を剥く**

　本章で描いた配線図中の導線は，金属がむき出しの導線を想定して描いてあります．実際には，導線をこのような状態で使うことはありません．ほとんどの場合，ゴムやビニールなどの絶縁体で被覆された導線を使います．これは，金属導線を手で触ると，体の方に電気が流れる可能性や，感電の危険性があるからです．ですので，導線を別のものと接続する場合には，接続したいところだけ被覆を剥いてその部分を接続（または，その部分に接続）します．例えば，図2-21の導線が被覆導線の場合には，クリップで挟む部分の被覆を剥いておく必要があります．

　しかし，状況によっては被覆を剥くことが許されない場合もあります（高電圧がかかっている被覆導線や，大電流が流れている被覆導線の場合など）．現在では，そのようなときのためのツールが開発されています．例えば，電流計測の場合には，図2-19に示したクランプメーターを使えば被覆されたままでも計測できます．電圧計測の場合には，長らく被覆を剥くしか手段がなかったのですが，最近では導線の被覆の上からクリップで挟むと電圧（交流だけ）の計測ができるツールが開発されています．

13 電力

　電球や電熱線などの抵抗に電流が流れると，光ったり，暖まったりします．これは，電気エネルギーが光エネルギーや熱エネルギーに変換されるからなのです．電球がより明るく光る，電熱線がより熱くなるということは，より多くの電気エネルギーが光や熱のエネルギーに変換されていることを意味します．本節では，電気回路に関わるこうしたエネルギーを扱うための「電力」というものについて説明します．

電力とは

　電気回路で何か便利なものを作ったときには，どれくらいの電気エネルギーが変換されているのか，ということが重要な関心事になります．すると，電気エネルギーが変換されている度合いを数量化して表すものが必要になりますね．それが電力です．電気回路では，電力を次のように定義します．

> **電力とは，単位時間当たりに変換されているエネルギーである**

　したがって，電力が大きいほど，電球はより明るく光り，電熱線はより熱くなります．
　なお，単位時間当たりではなく，**ある時間帯に変換されたエネルギーの総量**，つまり電力に時間をかけ算したものには**「電力量」**という名称がついています．月々の電気代は，この電力量で計算されて請求されます．

電力の求め方

　電球や電熱線は抵抗ですので，電圧をかけると電流が流れます．このとき，電力を数量化したものを P とすると，電力 P，電圧 V，電流 I の間には次のような関係があることがわかっています．

$$P = VI$$

このときの電力の単位は，右辺の電圧と電流の単位が[V]と[A]ですので[VA]となりますが，電力専用の単位が用意されています．それは，「ワット」(英語：watt，記号：W)という単位です．この単位の名称は，蒸気機関の発展に寄与したワット(James Watt, 1736年〜1819年)にちなんでいます．

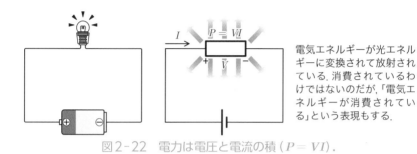

電気エネルギーが光エネルギーに変換されて放射されている．消費されているわけではないのだが，「電気エネルギーが消費されている」という表現もする．

図2-22　電力は電圧と電流の積($P = VI$)．

オームの法則と組み合わせると……

抵抗では$V = RI$というオームの法則が成り立ちますので，先ほどの電力を表す式は，次のように書くこともできます．

$$P = \frac{V^2}{R}, \; P = RI^2$$

この式から，抵抗での電力は電圧や電流の二乗に比例し，負になることがありません．この「負になることがない」が何を意味するのかについては，第7章9節で説明します．

なぜ電圧と電流をかけ算すると電力なのか

本節では，電圧と電流をかけ算するとそれが電力になる，といきなり言ってしまいました．なぜ電圧と電流をかけ算すると，電力，つまり「単位時間当たりに変換されているエネルギー」になるのでしょうか．

この答えは，第7章8節で説明します．なぜすぐに説明できないかというと，第6章で説明することになる電気の世界のエネルギーや仕事という概念を知る必要があるからなのです．ですので，それまでしばしお待ちください．

第3章

電気に関する概念
形成の歴史的背景

Chapter 3

第1章や第2章では，電気回路とはどんなものかというイメージと，それに関係する基本法則を知ってもらいました．この第3章では，この電気回路の中を流れている主役である電荷というものに焦点を当て，「それが物体の中にある」ということや，「それが流れる（伝達される）」ということが解明された歴史的な経緯について説明します．

　なお，本章で説明する時代においては，電荷の性質が明らかにされただけで，その電荷の正体までは解明されていません．また，次の第4章で明らかにされることなのですが，当時の考え方の一部は間違ったものだったのです．

　正しい理論を説明することを目的とした通常の教科書であれば，間違ったことをわざわざ説明する必要はありません．しかし，先達の研究者がいかにして電荷のことを解明しようとしたのかという歴史的経緯を知ることは，単に法則を鵜呑みにすることよりも大切ではないかと思います．そこで，本章（や次の第4章）では，電荷の解明に取り組んだ研究者たちの歴史を紹介することにしました．

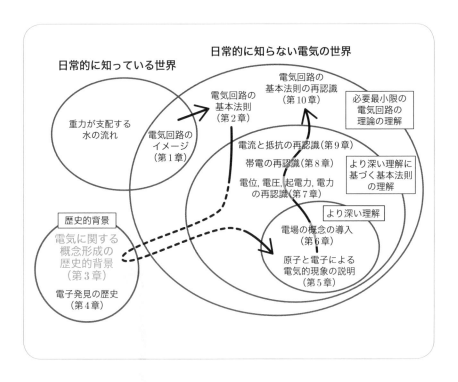

❸ 電気に関する概念形成の歴史的背景

01. 電気のはじまりは琥珀から

02. 電気力と磁力の区別

03. 琥珀以外の電気力の発見と理論のはじまり

04. デュ・フェのガラス電気と樹脂電気

05. フランクリンの電気の正と負

06. フランクリンによる中和現象の説明と電荷の流れ

07. クーロンの法則と万有引力の法則

08. 電気が伝達されることの発見

09. 導体と絶縁体の発見

10. 電池の発明と電流という概念の登場

01 電気のはじまりは琥珀から

　電気の研究は，とても単純な「ある現象」の原因を考えることから始まりました．皆さんは，下敷きを頭に擦りつけると髪の毛が引き寄せられる現象を知っていると思います．「ある現象」とはこのことなのです．下敷きと髪の間に働く力は，現在の電気の理論で「電気力」（または，「静電気力」）と呼ばれています．

ターレスと琥珀

　この現象の原因について初めて考えを巡らしたのは，記録されている歴史の中では，古代ギリシャ時代の哲学者**ターレス**（Thales of Miletus，紀元前624年頃〜紀元前546年頃）だとされています．古代ギリシャの時代に下敷きはありませんでしたので，別の物が考察の対象でした．それは**琥珀**です．この時代には，木の樹脂が化石化した琥珀が装飾品として用いられていました．なぜなら，琥珀は，乾燥した羊毛の布で磨くことで美しい黄金色の光沢を持った宝石のようになったからです．古代ギリシャには，琥珀を磨いて宝石のようにする職人たちがいました．彼らは，琥珀を擦ると塵などの軽いものを引き寄せることを日頃から経験していました．しかし，この時代にはまだ「電気」という科学的な概念はありませんでしたので，目に見えない神の手が塵を動かしているのだと思っていました．

ターレスの考え方

　ターレスは，一般の人たちとは異なる視点でこれらの現象を考察しました．彼は，**「擦った琥珀には，ものを引き寄せる魂（意思）が宿る」**（※）と考えたのです．文字通り受け取れば，このターレスの考え方は非科学的な感じがします．しかし，ものを引き寄せる原因が第三者である神ではなく琥珀自体にあるという考え方は，その後の電気に関する科学的な解釈の重要なポイントになっていくのです．

図3-1　下敷きを頭に擦りつけると髪の毛が引き寄せられるのは，目に見えない電気の基本的な性質を直接反映した目に見える現象の一つ．

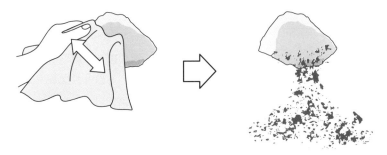

図3-2　琥珀は擦ると塵などの軽いものを引き寄せるようになる．

（※）本章の5節で説明するのですが，ターレスがいうところの「魂」は，第1章5節で導入した「電荷」というものに対応します．

Chapter 3
02 電気力と磁力の区別

　電気の理論は，擦った琥珀がものを引き寄せる原因を考えることから始まりました．そして，後にこれが電気的な力であることが解明されます．しかし，皆さんも知っているように，ものを引き寄せる力がもう一つあります．それは，磁力です．

ターレスは電気と磁気を同一視していた

　古代ギリシャの人たちも，ものを引き寄せる物質が擦った琥珀以外にあることを知っていました．それは，マグネシア地方でとれる**ロードストーン**と呼ばれる石（現在の磁鉄鉱，すなわち磁石）です．この石は擦らなくても鉄を引きつけました．現在は，これが磁力による現象であることがわかっています．しかし，それを知らない当時の人たちは，琥珀の場合と同様に，目に見えない神の

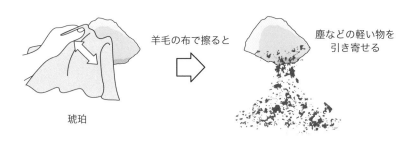

羊毛の布で擦ると

塵などの軽い物を
引き寄せる

琥珀

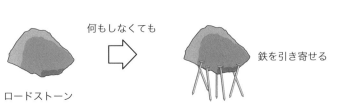

何もしなくても

鉄を引き寄せる

ロードストーン

図3-3　擦った琥珀とロードストーンは，どちらもものを引き寄せる．

手によるものだと思っていました．ターレスは，この磁力についても，ものを引き寄せる魂がロードストーンに宿っていると考えました．そして，この考え方も現在の磁力に関する理論のもとになりました．ターレスの考え方は，概念的には現代の考え方を先取りしたものだったのです．

しかし，ターレスの考え方には間違いもありました．それは，琥珀の引力（電気力）とロードストーンの引力（磁力）を区別していなかったということです．現在の電気と磁気の理論（合わせて電磁気学といいます）は，この区別をちゃんとしたおかげで確立しました．では，誰が最初に電気力と磁力を区別したのでしょうか．それは，イタリアのカルダーノという人でした．

カルダーノが電気と磁気を区別した

16世紀のイタリア人，**カルダーノ**（Girolamo Cardano，1501年〜1576年）は，数学者・医者として知られていますが，電気力と磁力を区別した人としても知られています．彼は，琥珀とロードストーンに様々な物体を近づけて，引力が発生するかどうかを調べました．また，間に物を挟んだときに，その力が働くのかどうかという実験もしました．こうした研究に基づいて，カルダーノは，**「ロードストーンが鉄しか引きつけないのに対し，擦った琥珀は軽い物体なら何でも引きつける」，「ロードストーンの力はいろいろな物を間に置いても作用するが，琥珀の力は間に物を置くと作用しなくなる」**ということを実験的に明らかにしました．この研究成果は，彼が1550年に出版した著書『De Subtilitate rerum』（精妙なることがらについて，という意味）の中にまとめられました．

カルダーノの研究成果は，次のギルバートに受け継がれ，その後の電気と磁気の研究が大きく前進することになります．

03 琥珀以外の電気力の発見と理論のはじまり

カルダーノの電気力の研究では，擦る対象物は琥珀だけでした．現在は，琥珀以外の物質も擦ると電気力を持つことがわかっています．それを明らかにしたのは誰でしょうか．それはイギリスのギルバートという人です．

ギルバートは琥珀以外にも電気力を見いだした

ギルバート（William Gilbert, 1544年〜1603年）は，女王エリザベス1世の侍医を務めたこともある医師でしたが，磁力や電気力に関して精力的に研究した物理学者でもあります．彼は，磁力に関する研究において，方位磁石が北を指すのは地球が巨大な磁石であるからだ，ということを初めて実験的に明らかにした人として有名です．しかし，磁石の話をすると本題からずれてしまいますので，ここでは電気力に関する話題に絞りましょう．

ギルバートは，図3-4のように様々な物質を擦り，電気力の有無や強さを調べたのです．このとき彼は，先のとがった支持棒の上に藁の矢をバランスよく載せた**バーソリウム**（versorium）という簡単な計測器を作りました．この計測器の構造は基本的には方位磁石とほぼ同じです．方位磁石の場合には，矢の先端が地磁気を感じて北方向に向くように回転しますが，バーソリウムの場合には，静電気力を感じた矢の先端が物体に引き寄せられて回転します．

ギルバートは，バーソリウムを用いた実験を通じて，**擦ると電気力を持つという性質を，琥珀だけではなく，ガラス，天然樹脂，硫黄，蝋などの様々な物質が有している**ということを明らかにしました．そして，彼は1600年に長年の研究成果をラテン語の『De Magnete, Magneticisque Corporibus, et de Magno Magnete Tellure』（磁石，磁性体，及び巨大磁石としての地球について，という意味）という書物にまとめました．この本のタイトルだけをみると磁石の本かなと思ってしまいますが，電気力に関する重要な研究成果が記録されているのです．

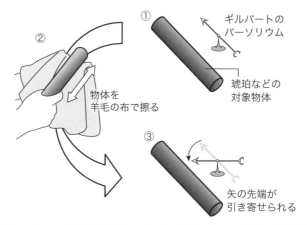

①ギルバートの
バーソリウム

琥珀などの
対象物体

②物体を
羊毛の布で擦る

③矢の先端が
引き寄せられる

図3-4　ギルバートの計測器（バーソリウム）を用いた電気力の計測実験.

ギルバートが考えた電気力の源（エフルーヴィア）とは

　ギルバートは，電気力の原因についても考察し，『De Magnete』の中で述べていますが，その理論は観測される現象をすべて説明することができなかったため，淘汰されてしまいました.

　ギルバートは，物体を擦ると目に見えない何かが物体から放出されると考え，その「何か」を**エフルーヴィア**（effluvia, ※）と呼びました．エフルーヴィアは，擦った物体からいったん離れると元に戻ろうとする性質をもっており，近くにある別の物体に付着してその物体ごと元に戻ろうとするので，擦った物体とその近くの物体の間に引力が働くと説明されています．しかし後になって，電気力に反発力もあることが発見され，残念ながらギルバートの理論では反発力を説明できませんでした．一方で，物体がもともと何かを持っており，それが擦ることによって出てくるという流体的な考え方は，後に紹介する**「電気は流体だ」**という考え方につながっていくのです.

（※）エフルーヴィア（effluviaは複数形，単数形はeffluvium（エフルーヴィアム））とは，目に見えない発散物という意味の英語です．具体性のある臭気などを指すこともあれば，日本語の「熱気があふれる」の「気」のような抽象的なものを指すこともあります.

Chapter 3
04 デュ・フェのガラス電気と 樹脂電気

　ギルバートが考えたエフルーヴィアという概念は，その後の研究によって淘汰され，現代の電気の理論には残っていません．しかし，ものを引き寄せるという電気的な性質の源が，目には見えないけれども，もともと物体には備わっており，擦るとそれが現れるという彼の考え方は，より深化して現代の電気の理論に引き継がれました．本節と次節では，電気に対する考え方がどのように変化していったのかを説明します．

引力だけではなく反発力もあった

　ギルバートの時代には，物体を擦ったときに生じるのは引力だけという考え方でした．しかし，その後の研究により，引力とは反対の反発力が生じることがわかりました．例えば，羊毛の布で擦った樹脂棒どうしを近づけると，それらの間には反発力が働きます．シルク布で擦ったガラス棒どうしの場合も同様でした．一方，樹脂棒とガラス棒を近づけると，それらの間には引力が働きました．研究者たちは，擦る物体の種類によって正反対のことが起こることを説

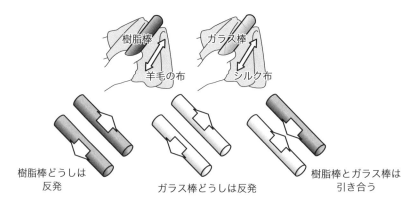

図3-5　樹脂棒どうし，ガラス棒どうしは帯電すると反発するが，
樹脂棒とガラス棒は引き合う．

明するために，いくつかの新しい説（現代なら「理論」です）を提案しました．なお，こうした考え方の変化とともに，物体を擦ると引力や反発力が発生するという現象を，「電気を帯びる」とか「帯電する」と表現するようになりました．

デュ・フェの「電気の2流体説」

18世紀初頭のフランス人科学者の**デュ・フェ**（Charles François de Cisternay du Fay，1698年〜1739年）は，電気には2種類あるという「**電気の2流体説**」を提案しました．彼の説をまとめると，以下のようになります．

・物体に帯電する電気には以下の2種類がある．

「**ガラス電気**」（vitreous，ヴィトリアス：ガラスの語源となったラテン語）．
→ガラスが帯電したときにガラスが持つ電気をいう．

「**樹脂電気**」（resinous，レジナス：樹脂の化石を意味するラテン語）．
→琥珀やエボナイトなどの樹脂が帯電したときにそれらが持つ電気をいう．

・帯電とは，どちらかの電気がその物体に発生することである．
・帯電していない物体は，どちらの電気も持っていない．
・**同種の電気が帯電した物体の間には反発力が働く（★）**．
・**異種の電気が帯電した物体の間には引力が働く（★）**．

デュ・フェの説のいくつかは，現在も通用する説となりました（上記の★）．しかし，「ガラス電気」や「樹脂電気」という名前を含むその他の説は，淘汰されて残っていません．なぜでしょうか．それは，デュ・フェの説とは異なる説を唱えた人がおり，その人の説の方がより多くのことを説明できるようになったからなのです．その人とは，アメリカの政治家で科学者でもあったフランクリンです．次節では，電気に対する現在の考え方にかなり近いフランクリンの説を紹介します．なお，フランクリンが自身の説を提唱したときには，実はデュ・フェの説を知りませんでした．ですので，デュ・フェに対抗して新しい説を唱えたというわけではありません．

05 フランクリンの電気の正と負

アメリカの政治家で科学者でもあったフランクリンは，1747年頃に，前節のデュ・フェとは異なる「電気の1流体説」を提案しました．

1流体説の発想は中和現象との類似点から

図3-6（a）のように，ガラス棒をシルク布で摩擦帯電させると，両者を離そうとしたときに，両者の間に引力が発生します．デュ・フェのモデルによれば，ガラスにガラス電気が発生し，シルク布には樹脂電気が発生したことになります．しかし，次のことが説明できませんでした．同図（b）のように，**帯電したガラス棒に帯電したシルク布を再び巻きつけると，引力が発生しなくなった**のです．

フランクリン（Benjamin Franklin，1706年〜1790年）は，この現象がプラスとマイナスで差し引きがゼロになる**中和**と呼ばれる現象と同じではないかと考えました．すなわち，**電気は1種類しかなく，2種類あるように見えるのは1種類の電気の過不足による**ものである，という「**電気の1流体説**」を提案したのです（図3-7参照）．彼はその1種類の電気を「電荷」と呼び，すべての物体は基準

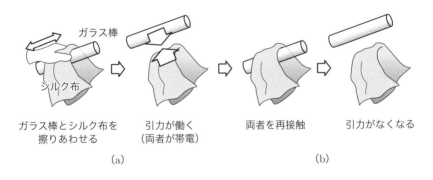

ガラス棒
シルク布

ガラス棒とシルク布を　　引力が働く　　　　両者を再接触　　引力がなくなる
擦りあわせる　　　　（両者が帯電）

（a）　　　　　　　　　　　　　　　　（b）

図3-6　フランクリンが「電気の1流体説」を思いつく要因となった電気の中和現象．

となる電荷を持っている，としました．そして，「樹脂電気」ではなく「ガラス電気」の方を基準より過剰だと考えました．なぜでしょうか．これは，そのころの電気の研究によく使われていた摩擦起電機（10節）がガラス玉を摩擦するものであったからと言われています．電気の源として使われていたのが摩擦したガラスであったことから，帯電したガラスの電荷は，「不足している」というよりも「過剰にある」と考えた方が自然だというわけです．

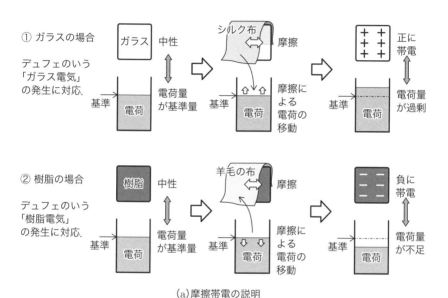

（a）摩擦帯電の説明

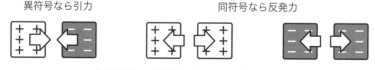

（b）帯電した物体間に作用する引力と反発力

図3-7　フランクリンの「電気の1流体説」．

フランクリンの「電気の1流体説」

　フランクリンが提案した「電気の1流体説」をまとめると，以下のようになります．

- 電気の源は1種類だけである．それを「**電荷**」（英語：charge）と呼ぼう．
- もともとすべての物体は基準となる電荷を持っている．
- ただし，基準となる電荷を持っているときには，電気的性質は現れない．
- 摩擦帯電におけるガラスや樹脂の帯電は，ガラスや樹脂に突如として「ガラス電気」や「樹脂電気」が発生するのではない．
- 片方からもう片方に電荷が移動して，基準（**中性**）からずれるためである．
- 基準からずれることで，電気的な性質が現れる．
- 「ガラス電気」は，電荷が基準よりも過剰になった状態である．
  これを「**正に帯電**している」（英語：positively charged）と言おう．
- 「樹脂電気」は，電荷が基準よりも不足した状態である．
  これを「**負に帯電**している」（英語：negatively charged）と言おう．
- **同種の状態にある物体間には反発力が働く．**
- **異種の状態にある物体間には引力が働く．**

フランクリンによる中和
現象の説明と電荷の流れ

　前節で説明したフランクリンの「1流体説」は，正負に帯電した物体が接触したときの中和現象を説明するために編み出された考え方でした．本節では，そのときの電荷の流れのイメージをもう少し詳しく説明します．

フランクリンの摩擦帯電のイメージ

　前節の摩擦帯電のイメージは，ガラス棒と樹脂棒が別々に摩擦帯電され，ガラス棒が正に帯電し，樹脂棒が負に帯電するイメージの説明でした．本節の摩擦帯電のイメージは，ガラス棒とそれを擦るシルク布の帯電のイメージです．その概念図を図3-8に示しました．

　擦る前のガラス棒とシルク布は，両者ともに中性です（同図①）．フランクリンの帯電モデルによれば，両者ともに電荷量が基準量になっています．摩擦帯

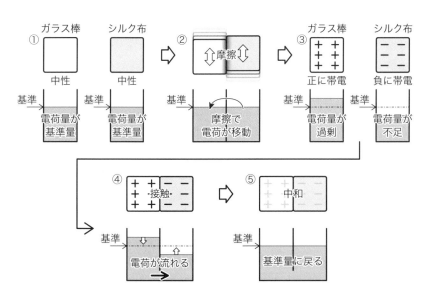

図3-8　フランクリンによる中和のイメージと電荷の流れ．

電では，それらを擦りあわせます（同図②）．すると，ガラス棒とシルク布が帯電し，お互いに引力が働くようになります．

　この帯電のメカニズムとしてフランクリンが考えたのが，片方からもう片方への電荷の移動です（同図③）．前節で述べたように，フランクリンは，このメカニズムを考える際に，ガラスの方の電荷が過剰になると思い込んでいました．そのため，彼のモデルでは，摩擦という作用によって，シルク布からガラス棒に電荷が移動するという説明になっています．この移動によって，ガラス棒の電荷は基準量よりも過剰な状態になり，シルク布の電荷は基準量よりも不足した状態になります．フランクリンはこれらの状態を，それぞれ，**正に帯電**した状態，**負に帯電**した状態と呼びました．この呼び方は今も残っています．

フランクリンの中和のイメージ

　フランクリンのさらなる実験によって，摩擦帯電したガラス棒とシルク布を再び接触させると（このときは摩擦せず，単に接触するだけです），帯電していたときのような引力や反発力が働かなくなることが判明しました（同図④）．つまり，ガラス棒とシルク布が，単にそれらが接触するだけで，電気的性質を持たなくなったわけです．言い換えると，中性に戻ったといえます（同図⑤）．

　フランクリンは，中性に戻るという現象を中和現象と類似の現象だと考えました．つまり，図3-8に示したように，電荷が過剰にあるガラス棒と電荷が不足しているシルク布が**接触すると，過剰な方から不足している方に電荷が勝手に移動する（流れる）**と考えたのです．

フランクリンの説の妥当性

　このフランクリンの1流体説は，当時としては，かなり多くのことを説明できたので，後に新しい学説が現れるまで，広く受け容れられることになりました．しかし，150年ほど後の20世紀初めになると，物質が原子よりも小さい電子・陽子・中性子という粒子で構成されているという知見に基づく，より合理的な理論が形作られるようになってきました（第4章）．この理論の登場により，フランクリンが提唱したモデルの一部は淘汰されることになります．しかし，基本的な考え方は，彼の考え方が基盤となっており，フランクリンの偉業は今も高く評価されています．彼が提唱したモデルが，どのように現在のモデルに改訂されたのかについては，第5章9節，10節，11節で詳しく説明します．

07 クーロンの法則と 万有引力の法則

これまでの節で説明したように，電荷をもった物体間には引力や反発力が作用します．本節では，その力の大きさを決めるクーロンの法則について説明します．

クーロンの法則とは

クーロンの法則とは，フランス人土木技師であった**クーロン**（Charles-Augustin de Coulomb，1736年〜1806年）が発見した以下のような法則です．

> 電荷 Q_1 を持つ物体①と電荷 Q_2 を持つ物体②が，距離 r を隔てて存在しているとき，物体①と②の間には，次式で表される力が作用する．
>
> $$F = k\,\frac{Q_1 Q_2}{r^2}$$
>
> ここで，k は比例係数である．また，F が正のときは反発力，F が負のときは引力とする（図3-9(a)参照）．

つまり，電荷を持つ物体間に作用する力の大きさは，それぞれが持つ電荷量に比例し，両者の間の距離の二乗に反比例するのです．このクーロンの発見を讃えて，電荷を持った物体の間に作用する力のことをクーロン力といいます．

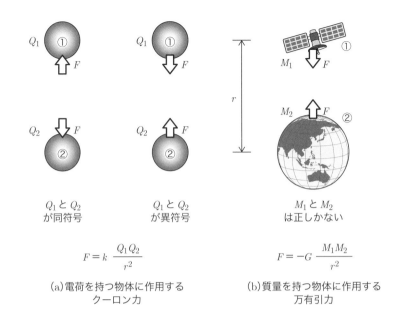

$$F = k\, \frac{Q_1 Q_2}{r^2}$$

(a) 電荷を持つ物体に作用する
クーロン力

$$F = -G\, \frac{M_1 M_2}{r^2}$$

(b) 質量を持つ物体に作用する
万有引力

図3-9　クーロンの法則と万有引力の法則.

クーロンの法則と万有引力の法則との類似

　実は，この法則は万有引力を表す式と極めてよく似ているのです．万有引力の法則とは以下のような法則です．

> 　質量 M_1 を持つ物体①と質量 M_2 を持つ物体②が，距離 r を隔てて存在しているとき，物体①と物体②の間には，次式で表される力が作用する．
>
> $$F = -G\, \frac{M_1 M_2}{r^2}$$
>
> 　ここで，G は比例係数である．また，F が正のときは反発力（まだ発見されていないが），F が負のときは引力とする（図3-9(b) 参照）．

　両者を比べるととても似ていますね．実は，この類似があるために，第1章のような水流モデルによる電気回路の説明ができるのです．なぜなら，地球が水に作用する重力は，地球と水の間の万有引力によるものだからです．つまり，

電気回路の中で電荷に作用する力が，ちょうど地球の重力のように作用するので，私たちに馴染みのある水の流れに例えることができるのです．

　しかし，水流モデルはあくまでもたとえ話です．万有引力の法則は引力だけですが，クーロンの法則には反発力もあるという大きな違いがあります．ですので，本章で歴史的な経緯も含めて説明した電荷は，重力が支配する世界とちょっぴり違う電気の世界の法則に従って動くものなのだ，ということを頭の片隅に置いておいてください．後述する第6章や第7章は，そのことを強く意識してもらうための章になっています．

　ところで，電荷の流れを水流に例えていましたが，歴史的に電荷が流れる（電気が流れる）ということを発見した話がまだでしたね．これについては，次節以降で紹介しましょう．

豆知識 🔍 **クーロンの法則を最初に発見したのはクーロンではない!?**

　電荷を持った物体間の力が距離の二乗に逆比例するという法則をクーロンが発表したのは1785年でした．しかし実はそれより前の1772年頃に，イギリス人科学者のキャベンディッシュ（Henry Cavendish, 1731年〜1810年）が同じ法則を発見していたことがわかっています．彼は熱心で優れた研究者でしたが，研究成果の発表については無頓着でしたので，誰も彼の研究成果を知らなかったのです．

　彼の研究成果が知られるようになったのは，ずっと後の1879年のことでした．この年に，イギリス人物理学者のマクスウェル（James Clerk Maxwell, 1831年〜1879年）が，キャベンディッシュの未発表資料を編纂して「The Electrical Researches of The Honourable Henry Cavendish」という論文集を出版したのです．その中には，クーロンの法則を先行して発見した記録以外にも，1827年にオームが発表したオームの法則を1781年に発見していることが記されています．マクスウェルの解説によると，キャベンディッシュは研究さえできていれば満足であり，発表して栄誉を得るなどということについては全く無関心だったそうです．ですので，自身の名前が法則名として残っていなくても，天国のキャベンディッシュは全く気にしていないのでしょうね．

Chapter 3

08 電気が伝達されることの 発見

　導線を使うと電気が遠くまで伝わるという現象は，現在では当たり前の
ように使っています．しかし，これまで紹介してきた電気研究では，擦っ
た物体が他の物体を引き寄せるという静電気力に注目したものばかりでし
た．ところがあるとき，擦った物体に別の物体を接触させると，接触させた
物体がまるで擦ったときのようにものを引き寄せるという現象を発見した
人がいます．接触させる物体の長さを長くすれば，電気を遠くまで伝達でき
ることになりますよね．現在の私たちが電気を導線で伝達するということ
を当たり前のようにできているのは，この発見のおかげなのです．

電気伝達を発見したゲーリケとグレイ

　最初にその発見をしたのは，起電機を発明したゲーリケでした（後述，第10
節）．彼は，起電機の硫黄玉に接触した金属板が他の物体を引き寄せるという現
象を目にしていました．そのため彼は，ある場所から別の場所へ電気が伝達で
きるということに気づいていたのです．しかし彼は気づいたことを記録しただ
けで，その現象を系統的に研究することまではしませんでした．その研究を行っ
て後世に役立つ知識を残したのは，イギリスのグレイという人でした．本節で

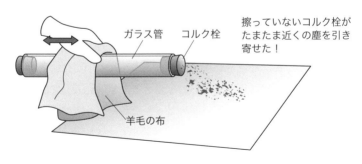

図3-10　ガラス管のふた（コルク栓）が塵を引き寄せた．

は，どのようにしてグレイが電気の伝達を発見したのかを紹介しましょう．

イギリスのアマチュア科学者（本業は染物屋）であった**グレイ**（Stephen Gray，1666年～1736年）は，擦るとものが引き寄せられるという静電気の現象に興味をもち，自身でも実験をしていました．彼は，主にガラス棒を擦って帯電させていたのですが，あるときガラス棒の代わりにガラス管を使って実験しようとしました（図3-10）．手近にガラス棒がなく，ガラス管しかなかったからなのかもしれません．このときグレイは，ガラス管の中にゴミやほこりが入らないように，コルク栓をガラス管の端に差し込んでふたをしました．そして，いつものようにガラス管を擦ったところ，思わぬことが起こったのです．ガラス管に差し込んだ

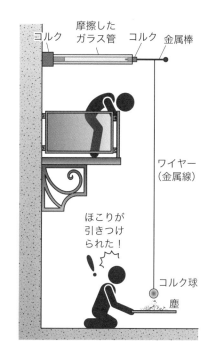

図3-11 グレイの
バルコニーの実験．

コルク栓が塵を引き寄せたのです．彼が擦ったのはガラス管であり，コルク栓にはそもそも触れてもいませんでした．グレイは，ガラス管に発生した電気がコルク栓に伝達したに違いないと思いました．

グレイによる電気の遠距離伝達の実験

そこで，グレイは電気が伝達する距離をもっと長くしたらどうなるだろうと思い，自宅のバルコニーと地面の間で図3-11のような実験を行いました．ガラス管に差し込んだコルク栓に長いワイヤーを連結し，その先端に取り付けたコルク球が塵を引きつけるかどうかを調べたのです．彼が思った通り，ガラス管を擦るだけで，ワイヤーでぶら下げられたコルク球が近くにある塵を引き寄せたのです．

09 導体と絶縁体の発見

　電気の伝わりやすさで物質を分類すると，大きく二つに分類されます．電気が伝わりやすい物質を導体といい，電気が伝わりにくい物質を絶縁体（または不導体）といいます．代表的な導体は金属です．絶縁体には様々な物質がありますが，代表的なものとしてゴムや樹脂があります．

　物質の種類によるこうした電気的な性質の違いを初めて発見したのは，前節で紹介したグレイでした．彼の発見は，実験の失敗を克服する努力をすることから生まれました．読者の方々にとっても，とてもよい教訓になると思いますので，その逸話をお伝えしておきましょう．

グレイのさらなる電気の遠距離伝達実験

　前節のように，グレイは，電気がかなり遠くまで物体を伝わってその先端まで電気的な性質（ものを引き寄せる性質）をもたらすことを発見しました．彼は，自分の部屋のバルコニーから地面までの距離では満足できませんでした．そこで，もっと長い距離を電気が伝達するかどうかを試すために，広い場所で麻ひもを水平に張って実験を行いました（図3-12）．電気の伝わりやすさが物質によって異なるということを発見する前の彼は，とにかく長いものを使いたかったので，金属ではなく麻ひもを使いました．

　非常に長いひもを水平に張ると，途中でひもが垂れないように支えなければなりません．彼は，金属の支え棒でひもが垂れないようにしました．しかし，そのようにすると電気はひもを伝達しなくなってしまったのです．彼は，支え棒を介して電気が逃げてしまったのだと思いました．その実験を手伝ってくれていた友人が，支え棒から電気が逃げるのなら，逃げ道を狭く（細く）したらどうだという助言をしました．彼は，その助言に従い，ひもの両端の中間地点のあたりに細い絹の糸を張り，その糸の上にひもの中間地点を乗せてひもの垂れを防止しました．このやり方は功を奏し，765フィート（233メートル）の距離を電気が伝達したのです．

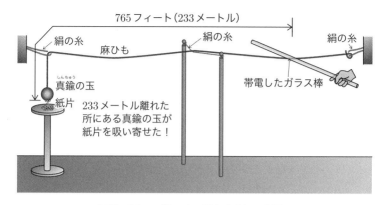

図3-12　グレイの電気伝達の実験.

グレイの失敗と導体・絶縁体の発見

　探究心が旺盛なグレイは，さらに次のことを試しました．彼は，細ければ細いほど電気が逃げにくいはずだと考え，麻ひもの垂れを防止するものとして，さらに細いものを用いました．ところが，これは彼の思惑通りにはいかず，電気は全く麻ひもを伝達しませんでした．なぜなのでしょうか．

　実は，彼は絹糸よりもさらに細いものを用いたのですが，その材質が金属だったのです．賢明なグレイはそれ（材質の違い）が原因だと気づきました．様々な物質を試したグレイは，物質には金属のように電気を伝えやすいもの（導体）と，樹脂のように電気を伝えにくいもの（絶縁体）があるということを発見したのです．

　「失敗は成功のもと」と言いますが，成功につなげるには，失敗の原因を様々な視点で考えて解決策を講じてみるということが必要である，ということがよくわかる事例になっていると思います．

　なお，私たちの日常生活では，この二つの性質をもつ物質をうまく組み合わせて，安全に電気を使えるようにしています．例えば，ほとんどの電気製品についている電源ケーブルは，導体である金属のケーブルを絶縁体であるゴムなどで被覆したものです．金属ケーブルがむき出しのままだと，手で触ったときに感電する危険性があります．しかし，電気が伝わらない絶縁体で被覆されていれば，感電することなく触ることができます．これは，グレイが上記のような発見をしてくれたおかげなのです．

Chapter 3
10 電池の発明と電流という
概念の登場

　電気の作用を利用するためには，電気を発生させるもの，すなわち発電機や電池が必要になります．発電機は機械的な作用を使って電気を発生させるもので，電池は電気を発生する能力が化学的な方法であらかじめ仕込んであるものです．本節では，史上発の発電機と電池について説明します．

ゲーリケとホークスビーによる一瞬だけの発電機（起電機）

　静電気力が主な研究対象であった時代には，電気を発生させる方法は摩擦帯電しかありませんでした．これはとても骨の折れる仕事でしたので，**ゲーリケ**（Otto von Guericke，1602年〜1686年）という人がそれを半自動化しました．これが史上発の発電機です．その装置の構造は，ハンドルで回転できる硫黄玉という簡単な装置でした．手袋をした手で硫黄玉に触れながらハンドルを回すと，多量の電気（静電気）が摩擦帯電で硫黄玉に発生するというものです．

　その後，**ホークスビー**（Francis Hauksbee，1660年〜1713年）という人が硫黄玉を入手しやすいガラス玉に変更し，図3-13のような改良版を作りました．当時の電気の研究をしていた多くの人たちは，このホークスビーの発電機を使う

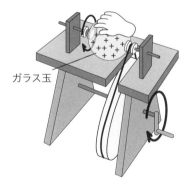

ガラス玉

ハンドルを回してガラス玉を回転させ，
回転するガラス玉に手袋をした手で触ると，摩擦
帯電でガラス玉の表面に電荷（＋）が発生する．
帯電したガラス玉表面に導線などを接触させる
と，電荷を取り出すことができた．

ただし，ガラス玉の電気的性質（電荷）がすぐにな
くなるという欠点があった．

図3-13　ホークスビーの摩擦起電機．

ようになりました．

　ただし，この発電機には致命的な欠点がありました．それは，電気的作用が得られるのが一瞬だけだったということです．現在の発電機や電池のように持続的に電気を発生することはできませんので，発電機と区別するために当時の摩擦による発電機を起電機と呼んでいます．

ボルタによる持続的な電気の発生（電池）と電流

　一瞬しか電気を発生しない起電機の次に現れたのが，持続的に電気を発生することができる電池です．これにより，電気の技術が大きく発展します．その発明をしたのは，イタリアのパヴィア大学の教授として静電気の研究をしていた**ボルタ**（Alessandro Giuseppe Antonio Anastasio Volta，1745年〜1827年）でした．

　ボルタは，ある実験からそれまでになかった電池というものを着想しました．スズ箔と銀貨を用意し，片方を自分の舌の上に，もう片方を舌の下におきます．この状態でスズ箔と銀貨を口の中で接触させると，口の中に酸味が感じられます．この酸味は，スズ箔と銀貨が接触している限り続きます．ボルタは，この現象が金属の接触による電気の発生と関係がある，という発想を持ちました．もしも，この発想が正しければ，起電機のように一瞬だけ電気を発生するのではなく，金属が接触している限りずっと電気を発生するものができることになります．

　ボルタはさらに実験を続けて，2つの異なる金属が触れたときだけではなく，金属が特定の液体に触れたときにも電気が発生することを発見しました．銀，スズ，亜鉛の板を湿った布，粘土，木材の上に置き，それらを分離して彼の発明した検電器（帯電の有無を調べる道具）に持っていくと，金属が負に帯電していることを示す結果が得られたのです．湿った物体を2つの異なる金属で挟むと，さらに大きい帯電量をもつことも明らかにしました．ボルタは，湿らせる液体として様々なものを試し，塩水がもっとも効果的であることを見出しました．

　最終的には，塩水を含んだボール紙を亜鉛と銅で挟んだものを作りました（図3-14（a））．また，図3-14（b）のように，この組み合わせを繰り返して積み重ねた場合には，積み重ねた分だけ検電器が示す帯電量が大きくなりました．これが現代の私たちが使っている電池の元祖となる「ボルタのパイル」（英語：

Volta's pile, 直訳：ボルタの積み重ね，日本語意訳は「ボルタの電堆」と呼ばれるもので，後に「ボルタの電池」と呼ばれるようになりました.

　　ボルタの電池によって，それまでは不可能であった持続的に電気を出すということが可能になりました．これにより，それまでは想定外であった「常に流れる電流（定常電流）」というものが研究対象となり，電気回路や電磁気学の発展につながるのです.

(a)ボルタの電池(1ペアだけ)　　　　　(b)ボルタの電堆

ボルタの電池は，電気的性質を長時間持続することができた. 直列接続することで，電気的性質が強くなった（検電器で調べたときの帯電量が大きくなった）.

図3-14　ボルタの電池.

電池の記号の起源はボルタの電池

　　第2章1節では，回路図用の記号をいくつか紹介しました．その中に電池の記号がありましたね．なぜあの記号なのでしょうか．図3-14(a)と電池の記号を見比べるとその理由がすぐにわかります．電池の記号はボルタの電池を単純化して描いたものなのですね.

　3節で登場したギルバートは，電気と磁気に関する重要な研究成果を残しただけではなく，「電気の」「電気的な」「電動の」という意味の形容詞，「electric」という英語のもとになるラテン語を作ったことでも有名です．彼の研究によって，擦ると塵を引きつける物質がたくさん見つかったので，彼が著書『De Magnete』でそれを説明するときに，擦ると塵を引きつける物質を総称する単語が必要だったのです．そこでギルバートは，ラテン語で琥珀を表す「electrum」（ギリシャ語の「$\eta\lambda\varepsilon\kappa\tau\rho o\nu$」が語源）という名詞をもとにして，「擦るとものを引き寄せる琥珀のような」という意味で「electricus」というラテン語の形容詞を作ったのです．

　では，そこから英語の「electric」を作ったのは誰でしょうか．それは，イギリスのトーマス・ブラウン（Sir Thomas Browne，1605年〜1682年）でした．彼は現代でいうサイエンスライターです．「electric」という英語は，1646年発行のトーマス・ブラウン著書『Pseudodoxia Epidemica』（俗説弁惑．当時流行した話題を紹介した本）の中でギルバートの研究成果を英語で紹介するときに初めて使われました．この書物は，英語圏を含む多くの国々で読まれ，electricをはじめとする電気用語が社会に浸透していきました．

　なお，日本語の「電気」は，英語の「electricity」に対応します．これは，トーマス・ブラウンが「electric」という形容詞に「-ity」という接尾辞をつけて名詞化したものです．英語では，形容詞に「-ity」をつけると，その形容詞で表される性質や程度を意味する名詞になります．例えば，「real」という形容詞に「-ity」をつけると「reality」という形容名詞になります．それを日本語にすれば，「どれぐらいリアルか」を表す「リアルさ」となります．同様の視点でelectricityを日本語にすれば，その意味は「どれくらい電気的か」を表すことになります．当時の考え方で言えば，「どれくらい琥珀のようにものを引き寄せる力が発生するか」を表すということになります．これは，今の人たちが日本語で「電気」と言ったときのニュアンスとずいぶん違うと思います．「電気的さ」などといっても，現在の私たちには不自然に聞こえるだけですよね．しかし，これが当時の「electricity」という言葉の

ニュアンスだったのです．

　言葉というのは，年月とともに変化していくものです．特に「……ity」という言葉は，おうおうにして抽象的ですので，その意味が曖昧になりがちです．それに加えて，ものを引き寄せる物質が琥珀以外にもたくさん見つかったので，電気の研究が琥珀より入手しやすいガラスや樹脂を使って実施されるようになりました．そのため，electricityという言葉の中にあった琥珀のイメージは徐々に消えていきました．

　現在に至っては，様々な用途で電気が利用されています．このような紆余曲折があって，日常的に使うelectricityや電気という言葉が「何だかはっきりしないけれども，こんなものかな」というイメージの言葉になってきたのだと思います．

〈追記〉英語の「electricity」に相当するラテン語は「electricitas」です．しかし，ギルバートの著書『De Magnete』の中にはその単語が全く見当たらないのです．そのため，electricityという抽象的な形容名詞は，トーマス・ブラウンが自作したのだと言われています．では，なぜギルバートはelectricitasという形容名詞を使わなかったのでしょうか．先述のように，ギルバートは電気的な性質の源を「effluvia」と称していました．ですので，「どれくらい電気的か」という程度を表すときには，抽象的な形容名詞electricitasではなく，effluviaが多いか少ないかというイメージが頭の中にあったのだと思います．

図3-15　時代が違うと，同じ「電気」でも頭に描くことが全然違う．

電気という漢字のはじまり

　漢字の「電気」(古くは「電氣」)という表記は，確認できる限り，ギルバートらの時代よりもずっと後の1851年に中国で出版された『博物通書』に記されたのが最初だとされています．この本は，アメリカ人宣教師のマッゴウァン (Daniel Jerome Macgowan，1815年〜1893年) が，実験も交えて電気のことを中国の学者たちに伝え，電気用語の漢字訳を米中共同で考えて作られたそうです．ただ，「電気」という漢字をなぜ使ったのかという理由は明確に記されていません．『博物通書』を研究した八耳俊文 (青山学院女子短期大学教授) によると，「雷電之気」を省略して「電気」という用語を創ったのだろうとのことです．というのは，この本の第一章の最初に「雷電之気　磅礴乎　宇宙万物　一気流通 (雷電の気は遙か広大で宇宙万物に流通している)」という文章が書かれていたからなのです．「雷電之気」の「雷」はかみなりの音，「電」はかみなりの光，「気」は空気のように見えないけれども世の中を満たしているものを意味する漢字です．「雷」が省略されて「電」だけが残った理由は，マッゴウァンが中国で見せた電気の実験で，バチッとなったときの音よりも光の方の印象が強かったからではないかと推測されています．

　一方，日本に電気のことが伝わったのは，江戸幕府とオランダが交易をしていた1751年頃とされています．当時はオランダ語の「electriciteit」(※)をもとにした「ゑれき」というひらがなや，「越歴」「越列幾」などの当て字で電気のことを表現していたそうです．その後，中国から先述の『博物通書』が伝わり，「電気」という言葉の方が徐々に主流になっていったそうです．

(※) 現在のオランダ語では，「電気」を意味する単語のスペルは elektriciteit が主流です．しかし，日本に「電気」のオランダ語が伝わった18世紀では，electriciteit というスペルが主流でしたので，このスペルを記しました．

〈参考文献〉八耳俊文著 "「電気」のはじまり"，学術の動向 (12巻5号)，
p.88-93，公益財団法人　日本学術協力財団，2007年

電子発見の歴史

Chapter 4

第3章では，電荷に関する研究の歴史的経緯のうち，電荷の見かけの性質，つまり物体間の引力や反発力を及ぼすという帯電の起源とその理論 (一部は間違った解釈なのですが) について説明しました．本章では，その後の研究によって，電荷の正体が「電子」と呼ばれる小さな粒であるということが明らかにされた経緯を紹介します．

　この「電子」の発見により，とんでもないことが起こります．それは，上記の通り，それまでの理論の一部が間違っていたことが発覚したのです．これについては，第5章で物体の中に潜む「電子」の性質を説明した後に，同章の9節以降で詳しく説明します．

　なお，本章では，まだ詳しい説明をしていない「原子」という言葉が出てきます．原子に関しては，第5章で詳しく説明するのですが，現時点では，物質を構成する最も小さい構成単位の粒子だと考えてください．

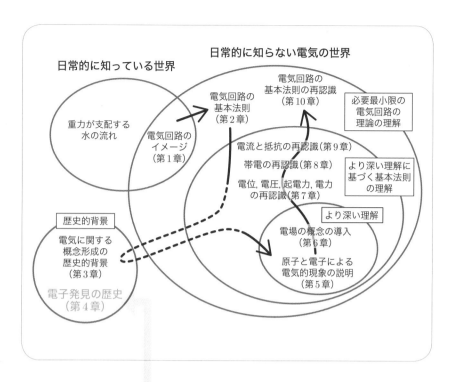

01. 電子発見の起源は真空放電の研究

02. 真空放電から陰極線の研究へ

03. 陰極線は負電荷を持つ粒子！

04. 陰極線の粒子は原子よりも小さい！

05. ミリカンによる電荷素量の計測

06. 導線中の電流が電子の流れであることの検証

01 電子発見の起源は 真空放電の研究

　1700年代は静電気の研究が行われていた時代でしたが，帯電した物体を放っておくと，電気的な性質がなくなっていくことがわかっていました．その頃の研究者たちは，空気を通って電気が逃げていくと考えていました．

　イギリス人科学者の**ワトソン**（William Watson，1715年～1787年）は，それを実験的に証明しようとしました．彼は，2本の導線を少し離して対向させたものをガラス管で密封し，起電機（当時の静電気発生器）に導線を接続しました．そして，簡単なポンプを使ってガラス管の中の空気を抜き，真空状態にしたのです．ガラス管の空気が少なくなれば，導線間の空気を伝って漏れる電気の量が減少するので，帯電状態が長く維持されるはずだと考えたわけです．

　ところが，ガラス管の空気を抜いていくと，想像もしなかったことが起こったのです．なんと，ガラス管の中が怪しげな淡いピンク色に光ったのです．ワトソンは，この発光の様子を論文の中で「オーロラ」と表現しています．その後，この現象は「**真空放電**」と呼ばれるようになりました．

　また，電気的な現象として，重要なことが明らかになりました．つまり，この真空放電が起こると，ワトソンの想定とは逆に，帯電した電気がなくなるのが早くなったのです．このことからワトソンは，**真空放電は電気の流れである**と考えました．しかし，具体的に何が流れているのかは，ワトソンにもわかりませんでした．後にそれが電子の流れであるということが判明するのですが，後述するように，そのためには150年ぐらいかけて真空放電の研究をする必要がありました．

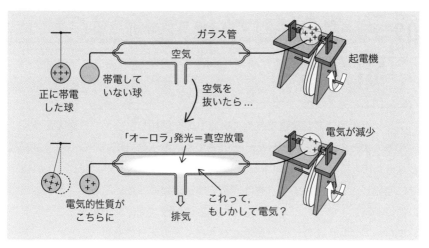

図4-1　ワトソンの実験の概略図.

豆知識　　**真空放電の研究を支えたガラス職人ガイスラー**

　ワトソンの時代には真空にするためのポンプの性能が悪かったため，真空放電の研究はあまり進みませんでした．

　しかし，1800年代の中頃に，ガイスラー（Johann Heinrich Wilhelm Geißler, 1814年〜1879年）という人が登場することによって，真空放電の研究が大きく進展しました．ガイスラーは，ドイツのボンで名の知れた腕のよいガラス吹きの職人で，真空ポンプの製造技術者ではありませんでした．しかし，真空放電のためのガラス管を多数作って大学に納品していましたので，納品先である大学の先生から，性能のよい真空ポンプが必要だということをいつも聞かされていました．そこでガイスラーは，持ち前のガラス細工技術を駆使して，性能のよい水銀変位ポンプを1855年に発明し，真空放電の研究の発展に寄与したのです．

　また，ガイスラーが作った真空放電のためのガラス管は，ガスの種類や真空度を変えると，様々な色や模様で怪しく光りました．そのため彼のガラス管は，研究用としてだけではなく，娯楽や装飾のための機器としても広まりました．看板や広告などの商業用照明に使われている「ネオンサイン」は，このときガイスラーが作ったガラス管がもとになっています．

02 真空放電から陰極線の研究へ

　ワトソンの後，真空放電で流れているものを解明しようとする研究が多くの研究者によって進められました．その中でも，電子発見に結びつく重要な契機となったのが，**ヒットルフ**（Johan Wilhelm Hittorf，1824年～1914年）が1869年に発見したある現象です．彼は，真空放電が起こっているガラス管内の陰極の前に遮蔽物を置くと，その遮蔽物の後ろのガラス面に影ができることを発見しました．これにより，何かが陰極からビームのように出ているということが明らかになりました．このビームは，ドイツ人科学者の**ゴールドシュタイン**（Eugen Goldstein，1850年～1930年）によって「**陰極線**（ドイツ語：Kathodenstrahlen，英語：cathode rays）」と命名され，多くの科学者がこの陰極線の性質や起源について研究するようになりました．

　1878年になると，そうした陰極線の研究者の一人であったイギリス人物理学者の**クルックス**（William Crookes，1832年～1919年）が，ある重要な発見をします．ガラス管内の空気をどんどん抜いていくと真空放電による発光は消えてしまうのですが，何も起こっていないように見えるそのときでも，電流が流れていたのです．そこでクルックスは，陰極から目に見えない荷電粒子が飛び出ており，それが電流の起源であるという仮説を立てました．彼は，その仮説を検証するために図4-2のような実験装置を作りました．この装置は，基本的には先述のヒットルフの装置と同じですが，陰極と対向する（遮蔽物の後ろ側の）ガラス面に，荷電粒子が当たると発光する蛍光体を塗ってあります．クルックスが回路のスイッチを入れると，真空放電のような発光がないにもかかわらず，蛍光体を塗ったガラス面が発光し，しかも遮蔽物の後ろ側は影になっていたのです．この実験結果は，目に見えない荷電粒子が陰極から飛び出ており，それが遮蔽物によって遮られたことを意味します．クルックスの実験結果は，**真空放電中の電気伝導が目に見えない荷電粒子の流れによるものである**という仮説を裏付けるものとなりました．

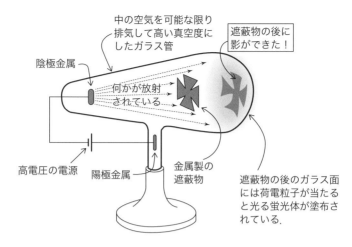

中の空気を可能な限り排気して高い真空度にしたガラス管

遮蔽物の後に影ができた！

陰極金属

何かが放射されている

高電圧の電源　陽極金属

金属製の遮蔽物

遮蔽物の後のガラス面には荷電粒子が当たると光る蛍光体が塗布されている.

図4-2　陰極から目に見えない荷電粒子が放射されていることを初めて示したクルックスの実験.

豆知識　🔍 **陰極から原子が飛び出ると考えたプリュッカー**

　前節のワトソンの発見から本節のヒットルフの発見に至るまでの間にも，重要な発見をした人がいます．それは，ドイツのボンの大学で真空放電を研究していたプリュッカー（Julius Plücker, 1801年～1868年）です．

　彼は，先述のガラス職人ガイスラーの協力のもとで，従来よりも真空度の高いガラス管を使った真空放電の様子を調べていました．その研究の最中に，陰極に対向するガラス管の壁が緑色に光ることに気づきました．それだけではなく，磁石をかざすとその緑色の発光部分が動くことも発見しました．そこでプリュッカーは，陰極を構成する原子が粒子状になって陰極から飛び出ていると考えました．残念ながら，この考えは誤りでした（後述するように，原子ではなく電子が飛び出ていたのです）．

　しかし，ガイスラーとプリュッカーによるこの発見が契機となって真空放電の研究がさらに活発化し，本節のヒットルフの発見などを経て最後には電子の発見へとつながるのです．

陰極線は負電荷を
持つ粒子！

　陰極線の正体が電荷をもった粒子であるという仮説が有力にはなりましたが，まだ解明されていないこともありました．それは，荷電粒子であるならば，その質量は？その電荷量は？という点です．これらを明らかにする糸口を見いだしたのが，イギリス人物理学者の**トムソン**（Joseph John Thomson，1856年〜1940年，トムソン姓の著名な物理学者が多く，J.J.トムソンとするのが一般的）でした．

　陰極線の正体が電荷をもった粒子であれば，電圧をかけるとその軌道が曲がるはずで，その曲率から粒子の質量 m と電荷量 e の比である m/e を求めることができるのです．トムソンは，実際に電圧がかかった空間に陰極線を通過させ，m/e を求めようとしました．

　このとき，確かに電圧をかけることによって陰極線が曲がることが確認されました．これが，陰極線の粒子が電荷をもった粒子であることを示す決定的な証拠となりました．しかし，その曲がる方向が大問題となったのです！

　フランクリンの時代には，電気の流れといえば，正の電荷をもつ粒子の流れだと考えられていました（より正確にいうと，負の電荷があるとは考えてもいませんでした）．図4-3に示したトムソンの実験装置において，陰極線が正の荷電粒子だとすると，その粒子は電圧をかけたプラス極によって反発されるとともに，マイナス極に引き寄せられます．そうすると，陰極線は下に曲がるはずですね．ところが実際にはその正反対のことが起こってしまったのです．電圧をかけたときの陰極線は，同図に描いたように上に曲がったのです！つまり，この陰極線の電流の担い手は，正の電荷をもつ粒子ではなく，負の電荷をもつ粒子ということになるのです．

　この実験事実により，電流を暗黙のうちに正の電荷の流れと考えていた電気の理論は，根本的に見直されることになりました．しかし，よく考えると，「電流が正の荷電粒子の流れである」も「電流が負の荷電粒子の流れである」も，どちらもOKなのです．これについては，第5章9〜11節で詳細を説明します．

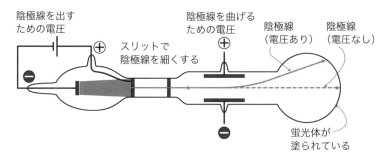

図4-3　トムソンの実験装置の概略図.

> **豆知識** 　**最初, 陰極線は曲がらなかった！？**
>
> 　本節で説明した実験は, 実はトムソンよりも前に, ヘルツ (Heinrich Rudolf Hertz, 1857年〜1894年) が行っていました. しかしそのときには, 電圧で陰極線を曲げることはできなかったのです. そのため, 陰極線は粒子ではなく電磁波ではないか, という考えが台頭してきました. そして, 追い打ちをかけるように, 次の実験結果が報告されました. ヘルツとレーナルト (Philipp Eduard Anton von Lenard, 1862年〜1947年) が, 金・銀・アルミなどの金属の薄膜を陰極線が貫通することを示したのです. 当時, 粒子線は原子の詰まった薄膜を通り抜けられないと考えられていましたので, 科学者たちは, 「陰極線は荷電粒子の流れではなく電磁波である」という考えをいっそう支持するようになったのです.
>
> 　では, その後に行われたトムソンの実験では, なぜ陰極線が曲がったのでしょうか. それは, トムソンが, 「陰極線が電圧で曲がらないのは, 残留気体が多いからでは？」と推測し, 真空度をより高めたガラス管内で実験をしたからなのです. この推測が正しかったことは, 本節で説明した通りです. 残留気体が多いと, 陰極線によって残留気体がイオン化 (第5章3節参照) し, 気体が導電性を持つようになります. つまり, 陰極線の周囲を金網で遮蔽したような状態になります. トムソンは, 金網の外から電圧をかけてもその内部には電圧がかからないということを知っていました. そこで彼は, 遮蔽の原因である残留気体を減らせば, 電圧がダイレクトに陰極線にかかって曲がるはずだ, と考えたのです.

陰極線の粒子は原子よりも小さい！

　トムソンは陰極線の粒子の m/e の値も明らかにしました．得られた値は驚くべきものでした．当時は，最小の原子である水素の m/e の値が最も小さく，それ以下の値はあり得ませんでしたが，陰極線粒子の m/e は水素の1/1 000以下だったのです．この実験結果は，「陰極線粒子が持つ電荷量 e がかつてないほど大きい」，または「陰極線粒子の質量 m が既知のいかなる粒子よりも軽い」のどちらかを意味します．トムソンは，ある実験報告を根拠にして後者の仮説を提唱しました．その実験報告とは，陰極線が金属箔を通過するというものです．当時は，原子が最小の粒子だと思われていましたが，その原子が敷き詰められている物質を陰極線粒子が通過するのであれば，陰極線粒子は原子より小さいはずだと考えたのです．

　また彼は，m/e の値が，陰極に用いた金属や放電管の中の気体の種類と無関係に一定値となることも明らかにしました．これは，陰極線粒子が，すべての物質に含まれている根源的な構成粒子だということを暗示しています．

　以上のような検討から，トムソンは，1897年8月7日に投稿した論文において，**「陰極線は負の電荷を持つ荷電粒子である」**という結論に加えて，**「その荷電粒子は原子の構成要素である」**という大胆な仮説を導き，その荷電粒子を**「コーパスクル」**（英語：corpuscle，小さい粒の意）と呼ぶことにしました．

　あれ？「電子」とは呼んでいませんね．電子という名称は，トムソンの発見よりも前の1874年に，アイルランド人科学者の**ストーニー**（George Johnstone Stoney，1826年〜1911年）によって既に提唱されていました．彼は，物質がそれ以上分けられない原子という構成単位でできているように，電荷にもそれ以上分けられない構成単位があるのではないかと考え，その構成単位を**「電子」**（英語：electron）と呼んだのです．トムソンが1897年の発見を成し遂げたとき，ストーニーの甥の物理学者**フィッツジェラルド**（George Francis FitzGerald，1851年〜1901年）が，「あ，これはおじさんが言った電子のことだ！」と思い，同年の『Electrician』（電気技師の意）という雑誌で，**「コーパスクルは，ストーニーが提唱したそれ以上分けられない電荷を持つ粒子，すなわち電子だ」**というこ

とを提案したのです．これがきっかけとなり，「電子」という名称が定着しはじめました．ただし，m と e を独立して計測していませんでしたので，原子より小さい粒子という考え方はあくまでも仮説とされ，すぐには浸透しませんでした．

豆知識　電子の発見者は本当にトムソンか？

　陰極線粒子の質量 m と電荷 e の比である m/e の計測は，トムソンだけが行っていたわけではありません．

　トムソンと同時期のドイツ人物理学者のヴィーヘルト（Emil Johann Wiechert, 1861年〜1928年）やカウフマン（Walter Kaufmann, 1871年〜1947年）も同様の実験をしていました．そして，陰極線粒子の m/e の値が，現存する物質が持ついかなる m/e よりも極めて小さいことを見いだしていました．特にヴィーヘルトは，トムソンが報告するよりも前の1897年1月7日にケーニッヒスベルク（現在のロシアのカーニングラード）で行われた学会で，「もしも，この粒子が水素イオンと同じ電荷を持つならば，その粒子は水素原子よりも小さいはずだ」と報告しています．つまりヴィーヘルトは，「原子よりも小さい粒子」という概念をトムソンよりも先に提唱していたのです．

　しかし，科学史において電子を発見した人として扱われているのは，数カ月遅れでほぼ同じことを発表したトムソンです．なぜでしょうか．それは，ヴィーヘルトが「もしも」という仮定の上での提唱をしたのに対し，トムソンはその後の研究によって実測に基づく結論を導いたからなのです．

Chapter 4 05 ミリカンによる電荷素量の計測

　トムソンは，1897年に，陰極線の正体が原子よりも小さく，負の電荷を持つ「コーパスクル」であるという仮説を提案しました．そして，「コーパスクル」はストーニーとフィッツジェラルドによって「電子」と呼ばれるようになりました．ただし，その時点ではまだ m/e という比しかわかっておらず，質量 m と電荷 e が個別に計測されていませんでした．コーパスクル（＝電子）が原子よりも小さいかどうかは未解決のままだったのです．

　その未解決問題を解決したのは，アメリカ人物理学者の**ミリカン**（Robert Andrews Millikan，1868年〜1953年）でした．図4-4はミリカンが行った油滴実験の概念図です．この実験では，電圧をかけた空間に細い穴を通して微細な油滴が導入されます．すると，様々な帯電量の油滴がその空間に入り，静電気力と重力によって落下したり上昇したりします．油滴が持つ電荷量がバラバラですので，油滴の運動速度もバラバラなのですが，ミリカンはその値をしらみつぶしに調べました．そして，**油滴の帯電量が必ずある数値の整数倍になる**ことを発見したのです．そのある数値こそが，ストーニーが言った「それ以上分けられない電荷量」，つまり最も小さい粒子である電子の電荷量（**電荷素量**）だったのです．ミリカンが1910年に測定した値は，1.635×10^{-19} クーロンという値でした（現在は，1.602×10^{-19} クーロン）．m/e の e の値が計測できたことによって，「電子は負の電荷を持ち，原子よりも小さい粒子である」というトムソンの驚くべき大胆な仮説がようやく受け入れられるようになったのです．

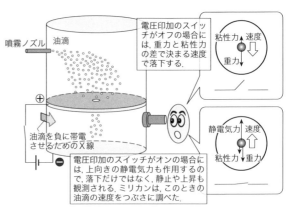

図4-4　ミリカンの油滴実験の概念図．

06 導線中の電流が電子の流れであることの検証

　以上の電子発見の歴史を簡単にまとめると次のようになります．真空放電の観測から始まった研究により，ガラス管の中を流れる目に見えない陰極線の電流の担い手が，原子よりも小さく，負の電荷を持つ粒子であることが解明されました．またその粒子は，どの原子にも含まれている普遍的な構成要素であることが明らかにされ，その粒子を電子と呼ぶことになったのです．

　なお，上記の研究は，ガラス管の中で隔てられた電極間を流れる陰極線の電流の起源を解明しようとする研究でした．電気回路では導線の中の電流が流れます．導線の中の電流の起源と陰極線の電流の起源は同じなのでしょうか．その疑問に答えるための実験を行ったのは，**トールマン**（Richard Chase Tolman，1881年〜1948年）と**スチュアート**（Thomas Dale Stewart，1890年〜1958年）でした．その実験方法と結果の詳細は高度な物理が関係しますので割愛しますが，彼らは，1916年に，「原子の中の負の電荷（つまり，電子）が導線の中を動くことで電流が流れている」ということを初めて実験的に明らかにしました．また，その実験から m/e の値も得られたのですが，その値はトムソンの得た値とピタリと一致することも確認され，**「導線を流れる電流の担い手は電子である」**ということが確実になったのです．

🔍 そもそも原子の中にコーパスクルはあるのか？

　「電流」＝「コーパスクルの流れ」という本節の検証の前に，そもそも「固体中にもコーパスクルがある」という検証が必要ですね．それを行ったのは，オランダ人物理学者のローレンツ (Hendrik Antoon Lorentz, 1853年〜1928年) とゼーマン (Pieter Zeeman, 1865年〜1943年) です．

　ローレンツは，原子の発光に関する理論を研究しており，原子の中の荷電粒子の振動が発光の原因だと考えていました．同じ頃にゼーマンは，ナトリウムの発光波長が磁場の有無によって変わることを発見しました．この波長の変化が，ローレンツの理論によって見事に説明され，原子の中に荷電粒子が存在していることがわかったのです．また，発光波長の変化の度合いから計算された荷電粒子の m/e は，トムソンが計測したコーパスクルのそれとピタリと一致したのです．

　これにより，物質 (つまり原子) の中にある荷電粒子が，陰極線の実験で観測された「コーパスクル」と同じものだということが確実になったのです．

第5章

原子と電子による
電気的現象の説明

Chapter **5**

第4章では，電流の担い手が，電子という負の電荷を持つ小さい粒子であるということが発見された歴史的経緯を説明しました．この電子の挙動を理解することこそが，水流モデルからの卒業になります．本章では，電流の担い手になっている電子というものが，物質の中にどのように含まれているのかということを，原子スケールのミクロな視点で説明します．

　また，「帯電する」という電気的な現象についても，それまでは空想上の電荷で説明していたことを，実体を伴う電子の挙動を用いてより具体的に説明します．電流が流れるという現象についても，実体を伴う電子の挙動を用いてミクロな視点で説明したいのですが，そのためには，電子を動かす原動力の説明（第6章と第7章）がその前に必要となります．ですので，ミクロな視点で見た「電流」の説明は第8章および第9章までお待ちください．

　なお，第4章で説明したように，電流の担い手である電子は，正ではなく負の電荷を持つということが発覚しました．電子が発見されるまでの間は，電流といえば，正の電荷が電流の方向に流れているものだと考えられていましたので，それまでの理論の改正が必要になりました．本章の最後ではこの改正がどのように行われて現在のような理論になったのかを説明します．

　本章以降は，第1章や第2章の電気回路の話からずいぶんと離れていると思うかもしれません．しかし，物質の中の電子の挙動こそが電気的な現象の根源となっています．ですので，回り道をしているようですが，本章以降の道のりこそが，水流モデルからの本当の卒業につながる道のりなのです．

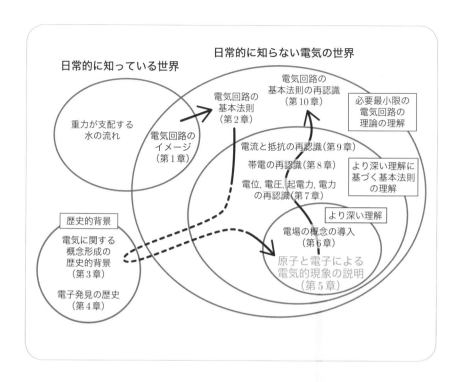

01. 原子の中にあるもの

02. 電子の軌道と殻，そして価電子

03. 原子の電荷とイオン化

04. 絶縁体はなぜ電気が流れにくいのか

05. 金属はなぜ電気を流しやすいのか

06. 摩擦帯電はなぜ起こるのか

07. 金属の静電誘導

08. 絶縁体の誘電分極

09. 帯電のイメージの修正

10. 電荷移動のイメージの修正

11.「正電荷が右へ」と「負電荷が左へ」は同じこと？

01 原子の中にあるもの

　すべての物質は原子で構成されており，物質の性質は原子の性質で決まっています．原子は，陽子，中性子，電子という原子よりも小さい粒子で構成されており，これらの粒子の個数の違いが原子の性質を左右しています．本節では，物質の電気的性質を考える際の土台となる原子の構造について説明します．

原子は陽子, 中性子, 電子でできている

　原子は，20世紀になるまでは，物質の最も小さい構成単位だと思われていました．しかしその後，図5-1に示したように，原子が**陽子，電子，中性子**という3種類の粒子で構成されていることがわかりました．陽子は正の電荷をもっており，電子は負の電荷をもっています．陽子1個がもつ電荷量と電子1個がもつ電荷量は，符号が逆であるだけで，絶対値は同じです．この電荷量は，それ以上分けられない最小の電荷量であると考えられており，**電荷素量**，または**素電荷**と呼ばれています．電荷素量は記号 e で表され，その実測値は $e = 1.602 \times 10^{-19}$ C です．なお，中性子は電荷をもっていません．

原子核と電子の関係

　陽子と中性子は，原子の中心にある**原子核**という粒子を形成しています．原子核は，含まれる陽子の個数分の正の電荷をもちます．なお，同じ符号の電荷をもつ陽子が集合すれば，静電気力でお互いが反発することになりますが，近距離で極めて大きくなる核力という別の力でつなぎ止められています．電荷をもたない中性子は，この核力を増強する役割を担っています．

　電子は，陽子や中性子よりもさらに小さい粒子です．原子の中の電子は，原子核の周囲のいくつかの軌道を回っています．軌道を回る電子は，原子核によるクーロン引力で束縛されていますので，**束縛電子**といいます．電子が回っている軌道の詳細については，次節で説明します．

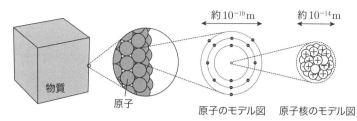

粒子の種類	質量	直径	電荷	個数
⊕　陽子	$1.673 \times 10^{-27}\,\mathrm{kg}$	約 $10^{-15}\,\mathrm{m}$	正　$+e$	N
○　中性子	$1.675 \times 10^{-27}\,\mathrm{kg}$	約 $10^{-15}\,\mathrm{m}$	なし　$0\,\mathrm{C}$	$N+?$
●　電子	$9.109 \times 10^{-31}\,\mathrm{kg}$	小さすぎて不明	負　$-e$	N

e は電荷素量($e = 1.602 \times 10^{-19}\,\mathrm{C}$).$N$は原子番号.

図5-1　原子とそれを構成する陽子,中性子,電子の配置の概念図と性質.

　なお,量子力学という高度な学問によると,運動している電子の居場所は正確に特定することができません.ですので,「軌道を回っている」ではなく,「軌道の周辺に高確率で存在する」という表現が正しいのですが,堅苦しいので,本書では前者の表現を使います.

原子の中の陽子・中性子・電子の個数

　原子核の中の陽子の個数は,原子の種類を区別する原子番号(周期律表の順番)に対応しています.中性子の個数は定まっておらず,自然界には陽子の個数が同じ原子(同じ種類の原子)であっても,中性子の個数が異なる原子が存在します.

　原子核の周囲の軌道を回っている電子の個数は,陽子の個数(原子番号)と同じです.原子の中の電子の個数は,原子の電気的性質と密接な関係がありますので,それを表5-1のように周期律表の上で表しました.電子は同心円上の●で表されています.この同心円は電子軌道の殻(※)を表しており,各原子の枠の右上の数字は価電子の数です.これらの詳細について次節で説明します.なお,この表に描かれている電子の配置は,物質の性質を左右する重要なものですので,次節以降でもしばしばこの表を参照します.

(※)「殻」は,一般に「から」と読みますが,電子軌道の「殻」の場合には,「かく」と読みます.

表5-1 原子番号と電子の個数.

族→ ↓周期	1	2	13	14	15	16	17	18
1	価電子数→ 1 H 1←原子番号							0 He 2
2	1 Li 3	2 Be 4	3 B 5	4 C 6	5 N 7	6 O 8	7 F 9	0 Ne 10
3	1 Na 11	2 Mg 12	3 Al 13	4 Si 14	5 P 15	6 S 16	7 Cl 17	0 Ar 18

112

02 電子の軌道と殻，そして価電子

　原子核の周りの電子こそが，物質に電気的な性質をもたらす立役者なのですが，そのすべての電子が重要な働きをするわけではありません．価電子と呼ばれる特別な電子が重要な働きをします．本節では，原子核の周りの電子についてもう少し詳しくふれ，価電子とは何かを説明します．

電子の軌道

　図5-2は，原子核の周囲にある電子の軌道を，原子核からの平均距離が近いものから順に示したものです．軌道の形は様々です．(a)の原子核に最も近い1s軌道は球形です．(b)の2s軌道も球形ですが，1s軌道よりも大きな半径の球です．(c)の2p軌道はアレイ形で，同じ形で方角の違う軌道が3つあります．原子核からの平均距離がさらに離れた3d軌道になると5つあり，その形状はもっと複雑になります．

　各軌道に入る電子の最大数は2個となっており，多数の電子を持つ原子の場合には，原子核からの平均距離が近い軌道から順番に電子が入ります（原子核からの距離が離れると多少変則的になります）．電子の個数が10個のネオン（Ne）の場合には，図5-2に示した5つの軌道すべてに2個ずつ電子が入ります．その軌道の様子を表現したのが図5-3(a)なのですが，実際には電子の居場所を正確に特定することはできませんので（前節参照），しばしば図5-3(b)に示した

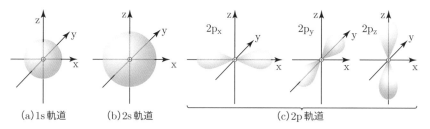

| (a)1s軌道 | (b)2s軌道 | (c)2p軌道 |

図5-2　電子の軌道の例（原点の原子核は実際の大きさよりも誇張されている）.

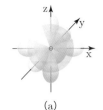

(a)
電子が含まれる軌道をすべて
重ね描きしたもの

(b)
電子の居場所を特定できない
ことを意識した「雲」のイメージ

図5-3　原子核の周囲の電子の居場所を表すイメージ（Neの場合）.

雲のようなイメージで表現することがあります．しかし，この雲のイメージで
は，電子の個数と居場所に関する情報が全くありません．そのため，次に述べ
るように，最低限必要な情報を抽出した抽象化モデルが考案されています．

殻の概念とその抽象化モデル

　原子核からの平均的な距離がほぼ同じ軌道の集まりを殻といいます．図5-4
（a）のように，原子核に近いものから，K殻，L殻，M殻，‥‥といいます．各
殻に含まれる軌道と，その殻に収納できる電子の最大数は，表5-2に示したと
おりです．

　原子を抽象化した最も一般的なモデルは，図5-4（b）のような平面図です．こ
のモデルでは，各殻とそこに属する電子数だけを考慮します．これら以外の立
体的な構造や寸法は無視されていますが，次節以降で述べるように，このモデ

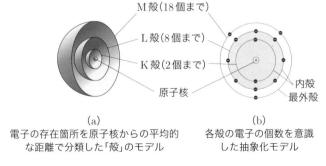

(a)
電子の存在箇所を原子核からの平均的
な距離で分類した「殻」のモデル

(b)
各殻の電子の個数を意識
した抽象化モデル

図5-4　原子核の周囲の電子の居場所を表すモデル（Alの場合）.

表5-2　各殻に含まれる軌道とその殻に収納可能な電子の最大数
(軌道の記号 (s, p, d) の前の数字は，その軌道が所属する殻の順番に対応する).

殻名	殻に含まれる軌道			収納可能な電子の最大数
K殻	1つの1s軌道			2個
L殻	1つの2s軌道	3つの2p軌道		8個
M殻	1つの3s軌道	3つの3p軌道	5つの3d軌道	18個

ルで多くのことが説明できます.

　なお，このモデルが原子の本当の姿だと思わないようにしてください. 本当の原子は，図5-3(a) のようにもっと複雑なのです.

最外殻の電子と価電子

　電子が入っている一番外側の殻を**最外殻**といい，それよりも内側の殻を**内殻**といいます. ある例外を除くと，最外殻電子は，原子核によるクーロン引力が弱く，原子から脱離しやすいために，化学反応などの様々な現象の担い手となります. 内殻電子はほとんど関与しません. 言い換えると，最外殻電子が原子の性質を決めているといえます. そのような最外殻電子のことを**価電子**といいます. ある物質が導体になるか，絶縁体になるかという電気的な性質も，価電子が関与する化学結合の性質によって決まります. これについては，第4節と第5節で詳しく説明します. なお，最外殻電子数がちょうどその殻の最大収容数または8個の場合には，最外殻電子が脱離しにくくなります (これが先述の「ある例外」です). このときには，価電子の数は0(価電子がない) と考えます (第4節のオクテット則を参照. 各原子の具体的な価電子数は前節の表5-1にあります).

03 原子の電荷とイオン化

　原子は，正電荷をもつ陽子と負電荷をもつ電子を含んでいます．しかし，原子全体としては電気的に中性であり，電荷はゼロとなります．一方，原子に何らかの作用が及ぶと正や負の電荷をもつ粒子に変化します．本節では，原子が中性である理由と，原子が電荷をもつ粒子に変化するメカニズムについて説明します．

正味の電荷

　一般に，複数の粒子が集合した物体全体の電荷は，**正味の電荷**となります．正味の電荷とは，物体内部に含まれる各粒子の電荷を合算したものです．例えば，ある物体に含まれる正負の電荷が等量であれば，正負を差し引きした正味の電荷はゼロとなり，その物体は電気的に中性ということになります．一方，物体に含まれる正負の電荷が等量ではないときには，正負を差し引きしたときの差分が正味の電荷となり，それが物体全体の電荷となります．

　陽子，中性子，電子で構成される原子全体の電荷や，その原子が集合した物体全体の電荷について考えるときには，ここで述べた正味の電荷で考えます．

原子は電荷ゼロ

　図5-5(a)に示すように，一つの原子の中には原子核内の陽子と，その周りの電子が同数含まれています．陽子と電子の電荷は異符号で，絶対値は同じですので，原子全体の正味の電荷はゼロになります．すなわち，原子は電気的に中性です．そして，原子の集合体である物体も，電荷をもたない中性となります．

原子のイオン化

　通常の物体は中性ですが，摩擦などの作用を受けた物体は電荷をもつことがあります．これと同様に，原子も何らかの作用によって電荷をもつことがあり

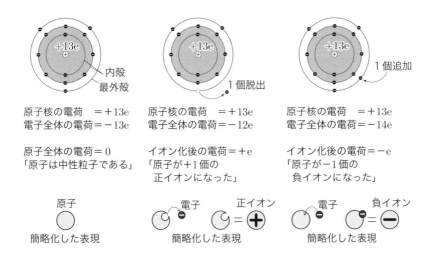

原子核の電荷　＝＋13e
電子全体の電荷＝－13e

原子核の電荷　＝＋13e
電子全体の電荷＝－12e

原子核の電荷　＝＋13e
電子全体の電荷＝－14e

原子全体の電荷＝0
「原子は中性粒子である」

イオン化後の電荷＝＋e
「原子が＋1価の
　　正イオンになった」

イオン化後の電荷＝－e
「原子が－1価の
　　負イオンになった」

原子

簡略化した表現

電子　　　　　正イオン

簡略化した表現

電子　　　　　負イオン

簡略化した表現

(a)
アルミニウムの原子

(b)
アルミニウムのイオン化
（電離）

(c)
アルミニウムのイオン化
（電子付着）

図5-5　アルミニウムの原子，正イオン，負イオン．

ます．電荷をもつことになった原子を**イオン**といい，原子がイオンになる現象
を**イオン化**といいます．物体が「帯電する」という現象は，原子スケールで見た
場合には，物体を構成している原子の一部がイオン化するということなのです．

　原子は，陽子数と電子数がバランスしており，正味の電荷がゼロの中性状態
にあります．イオン化とはこのバランスが崩れることなのですが，主に電子が
原子から脱出したり，原子に追加されたりして起こります．図5-5(b)のよう
に，電子が脱出（電離）して，陽子数＞電子数となり，正の電荷をもつことに
なった粒子を**正イオン**といいます．これとは逆に，同図(c)のように，電子が
追加（電子付着）されて陽子数＜電子数となり，負の電荷をもつことになった粒
子を**負イオン**といいます．イオンの電荷は，**価数**という指標で表されます．価
数とは出入りした電子の個数です．例えば，1個の電子が脱出してできた正イ
オンの価数は＋1価となり，1個の電子が追加されてできた負イオンの価数は
－1価となります．なお，同図の上段のような絵を毎回描くのは大変です．そ
のため，内殻電子まで気にする必要がない場合には，下段のような簡略化した
表現を使います．

こうした電子の脱出や追加は，主として最外殻の軌道で起こり，それよりも内側の内殻ではほとんど起こりません．最外殻軌道で電子の脱出が起こりやすいのは，原子核から最も遠く，クーロン引力が弱い軌道だからです．一方，最外殻軌道で電子の追加が起こりやすいのは，最外殻軌道に空席があることが多いからです．

　なお，正イオンができるときに原子から脱出した電子は，原子核による束縛から開放されて自由になったという意味で，**自由電子**といいます（束縛されている電子は**束縛電子**といいます（第1節））．実は，この自由電子が，電気を伝達しやすい金属などの物質中における電気伝達の主たる担い手なのです．といっても，原子1個だけでは導線にはなりません．いくつもの原子が集まってようやく導線になります．次節以降では，原子が集合したときの化学結合とその電気的性質について説明します．

絶縁体はなぜ電気が流れにくいのか

　物質を流れる電流の担い手は，原子の束縛から逃れた電子，すなわち自由電子です．そのため，物質の電気の流れやすさはこの自由電子が多いか，少ないかでほぼ決まります．しかし，物質の性質は原子の性質だけでは決まりません．原子が集合したときに形成される化学結合の性質が大きく関与します．本節では，電気が流れにくい物質をつくる共有結合について説明します．

化学結合では価電子を8個にしようとする

　まず，化学結合が形成されるときの基本原理を説明しておきましょう．一般に，化学結合は，二つの原子が接触したときに起こります．原子の構造も考慮して考えると，原子の接触とは，一番外側にある最外殻の価電子の軌道が重なることです．価電子の軌道が重なると，二つの原子がある法則に従って価電子を共有し，化学結合が形成されます．その法則とは，**オクテット則**という法則です．

　オクテット則とは，「原子は価電子の個数が8個のときに一番安定になる」という法則です．言い換えると，「原子は価電子を8個にしたがっている」といえます．それを満たすために，相方の原子と化学結合をするのです．また，「安定になる」とは，二つの原子に価電子が強く束縛された状態になるということを意味します．ただ，例外もあり，電子の個数が2個以下のものについては，価電子が2個のときに安定になります．電子が1個の場合はもう1個欲しがっているということです．

　実は，貴ガスと呼ばれる原子を除くと，すべての原子は単独ではオクテット則を満たしていません（第1節の表5-1を参照）．そのため，貴ガス以外の二つの原子が出会うと，何らかの方法で価電子を共有し，双方の価電子数を実効的に8個（または2個）にしようとします．これに対し貴ガスは，価電子数が2個（ヘリウム（He））または8個（ネオン（Ne），アルゴン（Ar），クリプトン（Kr），

キセノン（Xe），ラドン（Rn））であり，原子単独でオクテット則を満たしています．そのため，貴ガスが他の原子と接触しても，価電子が原子の殻の中に引きこもったままで共有に参加せず，化学結合をすることがほとんどありません．

共有結合は絶縁体（や半導体）を形成する

　絶縁体は，一般に**共有結合**と呼ばれる化学結合で原子が集合して形成されており，その結合形式の性質が反映されて，電気が流れにくい（自由電子がほとんどない）という性質をもっています．

　共有結合とは，まさに先ほどの説明通りに価電子を共有する結合様式です．例えば，図5-6（a）に示した炭素原子の場合，価電子が4個ありますので，あと4個の電子が欲しいのです．その望みを，4個の水素原子（価電子が1個）との共有結合で叶えているのが，同図（b）に示したメタンという分子です．一方，水素ではなく別の炭素原子と共有結合して集合した物質が，絶縁体としても知られているダイヤモンドです．同図（c）はそのような状態の概念的なイメージです．

　共有結合で形成された固体の中の原子は，他の原子と電子を共有することでオクテット則を満たしており，貴ガスのように安定な状態にあります．そのため，共有された電子は，多少の力が作用しても，軌道の外に脱出することがありません．すなわち，共有結合した原子は自由電子を出しにくいのです．そのような原子が集合して物体を形成している場合には，電流の担い手となる自由電子がその物体の中にほとんどないということになります．これが，絶縁体が電気を流しにくい原因なのです．樹脂やガラスなども絶縁体として知られていますが，これらを構成する原子も共有結合をしています．

　なお，原子の種類によっては，価電子を束縛する力がやや弱い共有結合をする場合もあります．例えば，シリコン（Si），ゲルマニウム（Ge），ヒ化ガリウム（GaAs）です．そのような原子で形成された固体は，電気の流しやすさが中ぐらいの半導体と呼ばれるものになります．

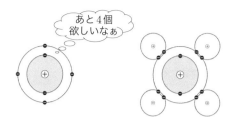

価電子＝4個
8個にするには，
あと4個必要

価電子が8個になるように
4つの水素と共有結合して
安定化

価電子が8個になるように
炭素どうしで共有結合して
安定化

（a）炭素原子1個
（C）

（b）炭素原子1個と水素原子4個
（メタン分子，CH₄）

（c）炭素原子が集合
（ダイヤモンド，C）

図5-6　炭素原子の共有結合.

豆知識　　**「貴ガス」それとも「希ガス」？**

　周期律表の第18族に属する元素は，「希ガス」（英語：rare gas，希なガス，珍しいガスの意），または「貴ガス」（英語：noble gas，高貴なガス，堂々としたガスの意）と呼ばれていました．前者の命名の理由は，第18族の元素が発見された19世紀末から20世紀初頭において，これらの元素の分離精製が困難であったことに起因しています．一方，後者の命名の理由は，第18族元素が，他の原子と接触しても化学結合をつくらない（影響を受けない＝堂々としている）ことに起因しています．

　当初は，どちらの名称も使われていましたが，時代が変遷して，アルゴンが地球の大気中に比較的多く含まれていることが判明しました．また，宇宙規模で見れば，二番目に多いのがヘリウム（一番は水素）であることも判明しました．そのため，「希ガス」という名称の不適切さが指摘されるようになりました．そこで，化学物質の正式名称などを定めているIUPAC（国際純正・応用化学連合）が，2005年に第18族の元素は noble gas と呼ぶべきという勧告を出しました．これを受けて日本では，2015年に日本化学会が「貴ガス」と呼ぶことを提案しましたが，まだ広く浸透するには至っていないようです．

05 金属はなぜ電気を流しやすいのか

　共有結合は，電気を流しにくい絶縁体や，電気の流しやすさが中ぐらいの半導体を形成します．では，電気を流しやすい金属などの物体はどんな結合で形成されているのでしょうか．それは，金属結合と呼ばれる結合形式です．本節では，金属結合で形成された物体がなぜ電気を流しやすいのかを説明します．

電気陰性度が関係する

　共有結合と**金属結合**はどちらも化学結合です．ただ，一つだけ大きな違いがあります．それは，出合う二つの原子の**電気陰性度**が大きいか小さいかということです．電気陰性度とは，簡単にいうと「原子が電子を欲しがる度合い」で，表5-3に示したように，各元素の値がわかっています．

表5-3　各種元素の電気陰性度．

族→ 周期↓	1	2	3	4	5	6	7	8	9	10	11	12	13	14	15	16	17	18
1	H 2.2																	He -
2	Li 0.98	Be 1.57											B 2.04	C 2.55	N 3.04	O 3.44	F 3.98	Ne -
3	Na 0.93	Mg 1.31											Al 1.61	Si 1.90	P 2.19	S 2.58	Cl 3.16	Ar -
4	K 0.82	Ca 1.00	Sc 1.36	Ti 1.54	V 1.63	Cr 1.66	Mn 1.55	Fe 1.83	Co 1.88	Ni 1.91	Cu 1.90	Zn 1.65	Ga 1.81	Ge 2.01	As 2.18	Se 2.55	Br 2.96	Kr -
5	Rb 0.82	Sr 0.95	Y 1.22	Zr 1.33	Nb 1.6	Mo 2.16	Tc 1.9	Ru 2.2	Rh 2.28	Pd 2.20	Ag 1.93	Cd 1.69	In 1.78	Sn 1.96	Sb 2.05	Te 2.1	I 2.66	Xe -
6	Cs 0.79	Ba 0.89	※	Hf 1.3	Ta 1.5	W 2.36	Re 1.9	Os 2.2	Ir 2.20	Pt 2.28	Au 2.54	Hg 2.00	Tl 1.62	Pb 2.33	Bi 2.02	Po 2.0	At 2.2	Rn -

金属 □　　非金属 ■

※は原子番号57〜71のランタノイド（一般的な周期律表の枠外に書かれる）

〈出典〉日本化学会編『改訂5版 化学便覧基礎編』，丸善，2004年

電気陰性度が大きいと共有結合

電気陰性度が大きいときには，「お互いに電子を欲しがっているのなら共有しましょう」，「それでオクテット則（価電子が8個または2個になる）が満たされるならとても嬉しい」ということで共有結合を形成します（前節で説明）.

電気陰性度が小さいと金属結合

電気陰性度が小さい原子は，電子をそれほど欲しがっていません．そのため，共有はするものの，押し付け合いになります．その結果，「お互いに電子が欲しくないなら放出してしまいましょう」，「それでオクテット則が満たされるならとても嬉しい」ということになるのです．これが金属結合です．原子から価電子が放出されて自由電子が生成されますので，金属結合をした物体は自由電子が豊富にある物体となります．すなわち，電気を流しやすい物体となるのです.

例えば，電気陰性度の小さい原子の例として，図5-7に示したアルミニウム（Al）原子を考えてみます．同図（a）のようにAl原子には価電子が3個ありますので，あと5個の価電子をもらうとオクテット則を満たすことになります．しかし，表5-3を見ると，Al原子は電気陰性度が1.61と小さいので，「どちらかというと，そんなに電子が欲しいわけではないのだけどなぁ」と思っている原子なのです．一方，同図（b）のように持っている3個の価電子を放出すると，最外殻の電子の数が8個になりオクテット則が満たされます．そこで，Al原子は，他の原子から電子をもらうのではなく，価電子を放出することでオクテット則を満たして安定になろうとするのです.

金属結合でも電子を共有

図5-7（b）で3個の電子を失ったAl原子は，正負電荷のバランスが崩れて，過剰になった陽子3個分の正電荷をもつ正イオンになります．一方，Al原子から放出された3個の電子は自由電子となりますが，どこにでも行けるわけではありません．自由電子（負電荷をもつ）の周辺には，正の電荷をもつAlイオンがありますので，周囲から静電気力（引力）が働いています．そのため，それなりに自由に動けるけれども，Alイオンの隙間に束縛されているのです．すなわち，周囲のAlイオンが自由電子を共有しているわけです．逆に，Alイオンも，周囲の自由電子との間に働く静電気力（引力）で引き寄せられており，物体全体がバ

Al原子は価電子が3個
電気陰性度はやや小さめ

価電子　　　価電子

僕は価電子を3個もっている. オクテット則を満たすには, あと5個もらうといいのだけど, 実はそれほど欲しくないんだなぁ.

もしも, 手持ちの3個をだれかと共有することになったら, 相手に押しつけちゃおうかな.

価電子

（a）Al原子が1個のとき

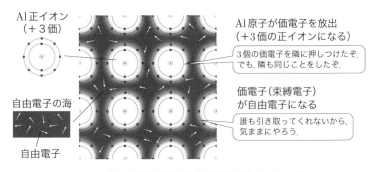

Al正イオン
（＋3価）

自由電子の海

自由電子

Al原子が価電子を放出
（＋3価の正イオンになる）

3個の価電子を隣に押しつけたぞ.
でも, 隣も同じことをしたぞ.

価電子（束縛電子）
が自由電子になる

誰も引き取ってくれないから,
気ままにやろう.

（b）Al原子が金属結合で固体を形成したとき

図5-7　金属結合の例.

ラバラにならないようになっています. なお, 金属中の自由電子は, このように金属イオンの隙間を自由に動く流体のような感じで存在していますので, 金属の中を描写するときに, 「**自由電子の海に金属イオンが浮かんでいる状態**」と表現することがあります.

　金属結合では, 「価電子を放出するのだから, 共有とは違うのでは」と思うかもしれません. しかし, 前節の共有結合とは違う形式で共有しているのです.

06 摩擦帯電は なぜ起こるのか

　4節と5節では物質の電気の流れやすさを，原子の化学結合と関連づけて説明しました．本節では，二つの物質を擦りあわせたときの摩擦帯電を化学結合と関連づけて説明します．

帯電は電気陰性度の差による

　摩擦帯電の際には，二つの物体の表面が接触し，擦れてから離れます．これを原子スケールで見ると，最表面の原子が接触してから離れるということになります．といっても，物体の表面には原子スケールの凹凸がありますので，接触したときには，表面上の一部の原子しか接触しません．また，擦れるときには，そのときに最も近い表面原子が接触と分離を繰り返すことになります．このときに起こる原子スケールの現象を，電気陰性度という言葉を使って表現すると，次のようになります．

> 電気陰性度の異なる二つの原子が出合ってから別れるとき，
> 電気陰性度の大きい原子がもう片方の原子から電子を奪う

　以下では，図5-8を用いてこのことをもう少し詳しく説明しましょう．同図（a）のように，接触する前の物体は帯電していないものとします．すなわち，その構成原子に含まれる陽子と電子の個数は同じで，原子の正味の電荷はゼロであるとします．また，物体は摩擦帯電がよく観察される物体（樹脂やガラスなどの絶縁体）とします．

　次に，同図（b）のように絶縁体の原子が出合うと，それぞれの原子が価電子を出しあって共有する共有結合が形成されます．このとき，二つの原子の電気陰性度が違うと，電気陰性度の大きい原子の方が，共有した電子対を自分の方に引き寄せてしまうのです．そのため，電気陰性度の大きい原子の周辺は負の電荷が若干多い状態になります．逆に，電気陰性度の小さい原子の周辺は正の

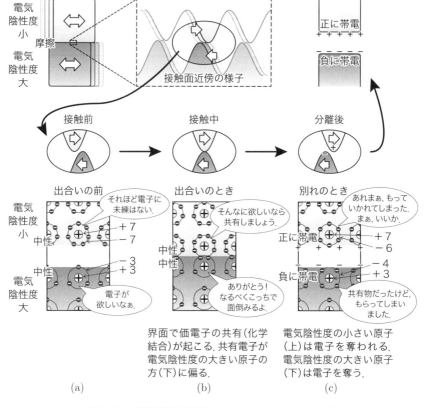

図5-8　摩擦帯電（原子スケールでのイメージ）.

電荷が若干多い状態になります．ただ，結合した二つの原子を一体として見れ
ば，その中に含まれる陽子の数と電子の数は，結合前と変わらず同数です．そ
のため，二つの原子よりも大きいスケールでみると，まだこの時点では帯電が
起こっていません．

　次に，同図（c）の二つの物体を引きはがすときを考えます．このとき，接触
界面の原子が形成した共有結合が切断されます．実は，このときに帯電が起こ
ります．結合の切断が開始されると，二つの原子が共有していた電子対のそれ
ぞれの電子は，もとの原子に戻ろうとします．しかし，電気陰性度の大きい原
子に引き寄せられていた電子は，もう片方の原子に戻るのが遅れてしまい，取
り残されてしまうのです．その結果，電気陰性度の大きい方の原子は，もう片

方の原子から奪った電子を余分にもつことになり，負イオンになります．一方，電気陰性度の小さい方の原子は，電子を失いましたので正イオンになります．これを物体表面という大きなスケールでみると，電子を奪った物体の表面が負に帯電し，電子を奪われた物体の表面が正に帯電したということになるのです．

電気が流れやすい物質は摩擦帯電が起こりにくい

摩擦帯電という現象は電気を流しにくい絶縁体でよく起こります．電気を流しやすい金属の場合には，摩擦帯電は一般には起こりません．なぜでしょうか．

その理由は，電子の動きやすさが関係しています．金属中が電気を流しやすいのは，価電子が自由に動ける自由電子になっているからです．そのため，引き離す瞬間に電子がすぐさま元の物体に戻ってしまうのです．一方，絶縁体が電気を流しにくいのは，価電子が共有結合によって束縛されているからです．そのため，引き離すときに電子が元の物体に戻るのが遅れてしまい，帯電したままで引き離されてしまうのです．

Chapter 5

07 金属の静電誘導

　帯電した物体どうしを近づけると，その間にはクーロン力が発生しますが，実は，静電誘導という現象により，片方が帯電していない場合にも力が働きます．本節では，この静電誘導という現象の原子スケールでのイメージを説明します．

静電誘導とは

　静電誘導とは，電気的に中性の金属に帯電した物体を近づけると，帯電物体に近い側の金属表面に，帯電物体と異符号の電荷が現れる現象です．異符号の電荷をもつ物体が対面することになるので，図5-9のように，両者の間にはクーロン力が働きます．そして，その力は近づく物体の電荷の正負によらず必ず引力となります．ここで，「電荷が現れる」と言いましたが，何もないところから魔法のように電荷が現れることはありません．以下では，「電荷が現れる」ように見える静電誘導のメカニズムをもう少し詳しく説明しましょう．

静電誘導の原子スケールでのイメージ

　金属は，図5-10(a)に示すように，正電荷をもつ金属イオンが負電荷をもつ自由電子の海の中に点在しているような状態にあります．正負の電荷が等量あるので電気的には中性になっています．

　このとき，同図(b)に示すように，正に帯電した物体が左側から近づいてきたとします．すると，金属中の自由電子にクーロン引力が働き，自由電子の海の分布が全体的に左側にずれます．正の電荷をもつ金属イオンにはクーロン反発力が働きますが，電子よりもかなり重いので，ほとんど動きません．そのため，帯電体に近い側の金属表面は，中性のときよりも電子が過剰になります．すなわち，その表面の正味の電荷が負になります．一方，帯電体から遠い側の金属表面は，中性のときよりも電子が不足した状態になり，その表面の正味の電荷が正になります．なお，同図では電子の海のずれが誇張してあります（特

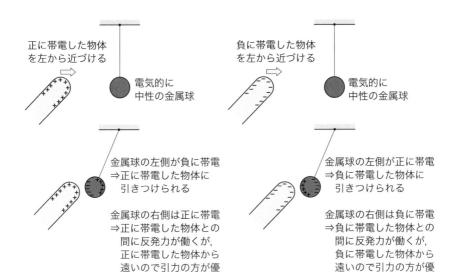

図5-9 帯電した物体が金属に近づくと，静電誘導によって金属表面に異符号の電荷が発生し，両者の間にクーロン引力が働く．

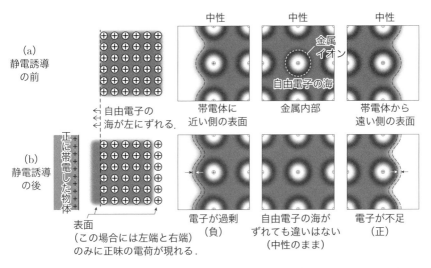

図5-10 金属の静電誘導 (原子スケールでのイメージ)．

に左側の図）．実際には，原子の直径の1/100 000ぐらい（原子核の直径程度）しかずれません．そのため，このずれは一瞬で完了します（導体が数十センチの長さの場合，ナノ（10^{-9}）秒程度）．

　静電誘導による電荷の発生は，金属表面だけに起こり，内部は中性のままです．これは，金属内部が電子の海で満たされており，それがずれたとしても，金属イオンの周囲の状況に実質的な変化がないためです．

　近づいてくる物体が持つ電荷が負の場合には，電子の海がずれる向きが逆となりますので，金属の表面に現れる電荷の符号が逆になります．そのため，このときも両者に働く力は引力となります．

　帯電体が遠ざかると，ずれていた電子の海がもとの分布に戻り，金属全体が中性の状態に戻ります．これは，本当の意味で表面に電荷が発生したわけではないからです．そのため，この現象は正式には帯電とは言いません．一瞬だけ金属の自由電子の海がずれ，表面の極性のある部分が分かれただけという意味で，分極と言います．

Chapter 5
08 絶縁体の誘電分極

前節の静電誘導は金属で起こる現象ですが，絶縁体では誘電分極という現象に基づく似た現象が起こります．どちらの場合も，もともと中性であった物体が帯電体に引き寄せられるという点では同じなのですが，その原因となるメカニズムが異なるため，違う名前がついています．本節では，絶縁体の誘電分極という現象を金属の静電誘導と対比し，両者がどのように違うのかを説明します．

誘電分極とは

図5-11のように帯電した物体を絶縁体に近づけると，帯電物体の電荷の正負によらず，必ず引力が働きます．そして，この引力は，帯電物体に近い側の絶縁体表面に，帯電物体と逆符号の電荷が現れることが原因となって生じます．ここまでの説明は，静電誘導と全く同じですね．しかし，絶縁体の**誘電分極**の場合には，以下に述べるように，「逆符号の電荷が現れる」ときのメカニズムが違うのです．

誘電分極と静電誘導の違い

金属も絶縁体も，原子で構成されているという点は同じです．どちらの場合も，原子の中心には正の電荷をもつ原子核があり，その周囲には負の電荷をもった電子が回っています．金属と絶縁体で違うのは，最外殻の価電子の状態です．金属では，原子が金属結合をしており，価電子が自由電子になっています．一方，絶縁体では，図5-12（a）のように原子が共有結合をしており，価電子は内殻電子とともに原子に束縛されています．

このとき，同図（b）に示すように，絶縁体の左側から正に帯電した物体が近寄ってきたとします．すると，絶縁体にクーロン力が働き，原子核の周りの電子の軌道の分布が左側にずれます．原子核には反発力が働きますが，原子核は重たいのでほとんど動きません．その結果，各原子が分極し，原子の左側が負

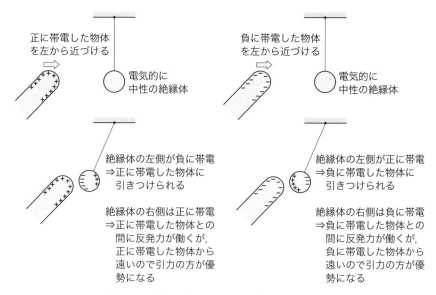

図5-11 帯電した物体が絶縁体に近づくと，誘電分極によって
絶縁体表面に異符号の電荷が発生し，両者の間にクーロン引力が働く．

に，右側が正に帯電します．

　すべての原子が分極しますので，隣り合った原子が対面しているところでは，正負が打ち消し合います（※）．そのため，隣の原子がいない表面だけに正味の電荷が現れるわけです．なお，帯電体が遠ざかると，ずれていた電子の軌道がもとの分布に戻り，絶縁体全体が中性の状態に戻ります．つまり，静電誘導のときと同様に，誘電分極の場合も，物体全体の電荷に増減があるわけではないので，正式には帯電とは言いません．

　以上のように，**静電誘導と誘電分極**は，**どちらも電子がずれることで表面だけに電荷が現れる**という点では同じなのですが，**静電誘導の起源が自由電子の海の全体的なずれ（つまり，物体全体の分極）**であったのに対し，**誘電分極の起源は個々の原子の分極である**という大きな違いがあるのです．

（※）隣り合った原子が対面しているところでは，完全に正負が打ち消し合うわけではありません．なぜなら，帯電物体からの距離が遠くなるとクーロン力が小さくなり，分極の程度が弱くなるからです．金属の場合には，その内部に正味電荷は生じませんが，絶縁体の場合には，隣り合った原子どうしの電荷の打ち消し合いが不十分だと，正味の電荷が内部に発生します．

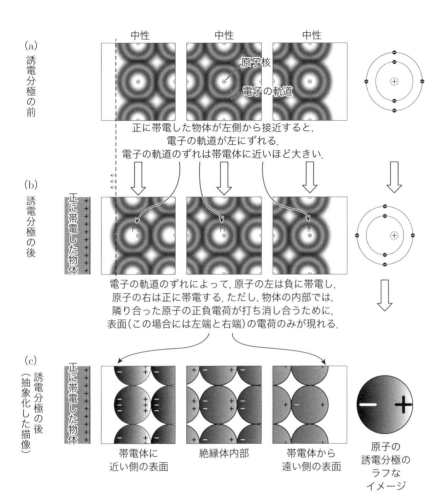

(a) 誘電分極の前

中性　中性　中性

原子核

電子の軌道

正に帯電した物体が左側から接近すると，
電子の軌道が左にずれる．
電子の軌道のずれは帯電体に近いほど大きい．

(b) 誘電分極の後

正に帯電した物体

電子の軌道のずれによって，原子の左は負に帯電し，
原子の右は正に帯電する．ただし，物体の内部では，
隣り合った原子の正負電荷が打ち消し合うために，
表面（この場合には左端と右端）の電荷のみが現れる．

(c) 誘電分極の後（抽象化した描像）

正に帯電した物体

帯電体に近い側の表面

絶縁体内部

帯電体から遠い側の表面

原子の誘電分極のラフなイメージ

図5-12　絶縁体の誘電分極（原子スケールでのイメージ）．

09 帯電のイメージの修正

　本章では，物体を原子・電子のスケールで見たときの電気的現象を説明してきましたが，物体の原子スケールの構造が解明されたことによって，それ以前に構築されていた物体の電気的性質に対するイメージががらりと変わることになりました．本節では，まず帯電のイメージがどう変わったのかを説明します．

フランクリンの時代の帯電のイメージ

　図5-13（a）は，第3章5節と6節で説明したフランクリンによる「正に帯電」，「中性」，「負に帯電」のイメージです．フランクリンは，すべての物体には，もともと電荷が備わっていると考えました．そして，中性（電気的な性質を持たない状態）のときには，ある基準と等しい電荷量になっているとしました．摩擦帯電において物体が帯電する現象については，物体に含まれる電荷が片方からもう片方に移動する現象であると考えていました．この電荷の移動により，片方は電荷量が基準よりも過剰になり，もう片方は基準よりも不足した状態になります．フランクリンは，過剰を正，不足を負に対応させ，それぞれの状態を正に帯電した状態，負に帯電した状態と呼びました．

現代の帯電のイメージ

　物体のミクロな構造が解明されたことによって，フランクリンの考え方は淘汰されました．これは，第4章や本章で説明したように，すべての物体は原子によって構成されており，その原子には正の電荷を持つ原子核と負の電荷を持つ電子が含まれていることがわかったからです．確かにもともと電荷を持っているという点では，フランクリンの考え方は正しかったのですが，実際には，正だけではなく正と負の両方を持っていたのです．

　そして，物体が電気的性質を持たない中性の状態は，基準となる電荷量を持っている状態ではなく，原子核による正の電荷量と電子による負の電荷量がちょ

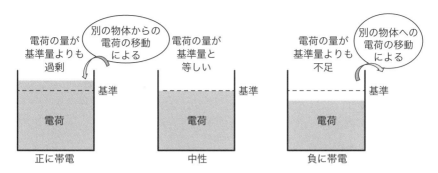

電荷に符号があるとは考えていない. 基準よりも多いか少ないかで正負を決めた.

(a) フランクリンの「正」「負」のイメージ

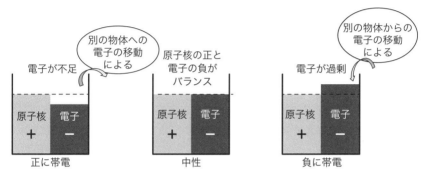

正に帯電するときには電子が不足. 負に帯電するときには電子が過剰.
不足を正に, 過剰を負に対応させるためには, 電子の電荷を負と考えなければならない.

(b) 原子の構造が明らかになった後の「正」「負」のイメージ

図5-13　物体の正負への帯電のイメージ.

うどバランスしている状態だったのです.

　この現代のイメージにおける帯電は, 図5-13 (b) に示すように, 物体に含まれている正負の電荷量のバランスの崩れで説明されます (3節). つまり, 正に帯電した状態とは, 何らかの原因で電子が取り去られ, 電子による負の電荷量よりも原子核による正の電荷量が多くなった状態です. 一方, 負に帯電した状態とは, 何らかの原因で電子が追加され, 電子による負の電荷量が原子核による正の電荷量よりも多くなった状態なのです.

正／負の符号の付け方はフランクリンに敬意を表して……

　フランクリンは電荷の過剰を正，不足を負に対応づけました．この対応を電子の過剰・不足に合わせてしまうと，これまでの理論の正負が逆転してしまうことになります．これはさすがに混乱します．フランクリンに敬意を表してかどうかはわかりませんが，そのような変更はされませんでした．つまり，以下のように考えたのです．

> **正に帯電：電子が不足**
> 　　　　**不足なのに正というのは不自然だけれども，**
> 　　　　**負が不足なのだから正と考えよう．**
> **負に帯電：電子が過剰**
> 　　　　**過剰なのに負というのは不自然だけれども，**
> 　　　　**負が過剰なのだから負と考えよう．**

　この考え方が現在まで受け継がれています．

電荷移動のイメージの修正

　前節では，物体の原子スケールの構造が解明されたことによって，帯電のイメージがどのように変わったのかを説明しました．本節では，帯電した物体が接触した際に起こる電荷の移動のイメージがどのように変わったのかを説明します．　最終的には，この変更が原因となって，「電子は電流と逆に流れる」という理屈になり初学者を困らせているのですが，その理由を以下で説明します．

フランクリンの時代の電荷の移動のイメージ

　フランクリンの時代には，正の帯電体は電荷を過剰に持っており，負の帯電体は電荷が不足しているという認識でした．そのため，両者が接触したときには，図5-14(a)に示すように，電荷が過剰にある正の帯電体から電荷が不足している負の帯電体に電荷が移動するという認識でした．これを電流の概念に適用すると，

> 何が流れる？　　→「正の電荷」（そもそも符号を考えていなかった）
> どちら向き？　　→「正の帯電体から負の帯電体に流れる」

となります．

現代の電荷の移動のイメージ

　現代の帯電のイメージは，前節で説明したとおり，原子核と電子が持つ電荷量のバランスの崩れで説明されます．このバランスの崩れが起こるときに動く粒子として，正の電荷を持つ原子核，または負の電荷を持つ電子のどちらかの可能性があります．これについては，研究によって電子が動くということが判明しました．

　これによって，大変厄介（やっかい）なことになったのです．つまり，帯電体が接触した

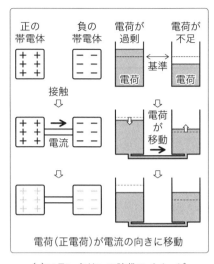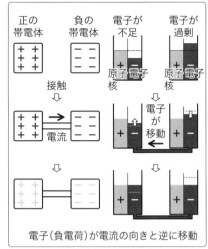

(a)フランクリンの時代のイメージ　　　　　(b)現代のイメージ

図5-14　帯電状態と接触による電荷の移動のイメージ.

ときの電荷の移動は，図5-14(b)に示すように，負の帯電体から正の帯電体への移動であり，かつ移動するものは負の電荷を持つ電子なのです．これを電流の概念に適用すると，

> **何が流れる？　→「負の電荷を持つ電子」**
> **どちら向き？　→「負の帯電体から正の帯電体に流れる」**

となります．

　つまり，電荷移動の担い手として発見された電子は，フランクリンが考えていた電荷の移動方向とは逆に動くのです．これを電流の概念に適用すると，当初は正の電荷が電流の流れる向きに流れていると思っていたけれども（符号のことなど考えてもいなかったけれども），負の電荷（電子）が電流の流れる向きと逆に流れているということが発覚したのです．前節と同様に，これも電気の理論に大混乱を招くことになりました．

「電子は電流と逆に流れる」で手を打とう

　先述のことが発覚したときには，電気に関する膨大な理論がフランクリンの時代のイメージで構築されていました．そのため，今さら電流の向きを逆にするのは大変だから穏便に済ませようという考え方が採用されたようです（著者の推測です）．そのため，以下のような取り決めがなされました．

> 正の電荷が正の帯電体から負の帯電体に流れる電流は，（絶対値が同じなら）負の電荷が負の帯電体から正の帯電体に流れる電流と同じだ（そもそも区別できない）．

　これは，現在も採用されている考え方なのですが，ホントにそんなことを言ってもいいの？と思うかもしれません．これについては，よく考えれば確かにそうだとなります．詳しくは次節で説明しましょう．

11 「正電荷が右へ」と「負電荷が左へ」は同じこと?

Chapter 5

前節では，絶対値が同じならば，正の電荷が正の帯電体から負の帯電体に流れる電流と，負の電荷が負の帯電体から正の帯電体に流れる電流は区別できないと言いました．つまり，どちらも同じ電流（電流値）になります．本節では，そのことを確認します．

「負電荷が左に動く電流」と 「正電荷が右に動く電流」は区別できない

第1章5節で説明したように，電流とは，「1秒間に断面を通過する電荷量」です．フランクリンの時代には，正の電荷を持つ粒子が正の帯電体から負の帯電体に流れることしか考えていませんでした．

しかし，前節で述べたように，実は「負の電荷を持つ電子が逆向きに（負の帯電体から正の帯電体に）流れている」ということが1897年に発覚しました．混乱してしまいそうですが，実は，どちらの場合も同じ電流になるのです（電流の絶対値が同じであれば，という条件がつきますが）．それを確認してみましょう．

まず，電流値が正になる向きを定めておきます．ここでは，図5-15のように，右向きを正の電流の向きとします．このとき，例えば，1秒間に3Cの正電荷が断面を右向きに通過したとします．このときの電流値は，

$$(+3C)/(1s) = +3A$$

になります．

一方，電荷が負電荷で，流れる向きが逆になるとどうなるでしょうか．−3Cの負電荷が断面を左向き（逆向き）に通過しますので，

$$-(-3C)/(1s) = +3C/s = +3A$$

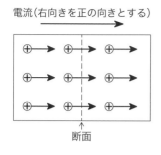

電流(右向きを正の向きとする)

電流(右向きを正の向きとする)

断面

断面

断面を,
毎秒3Cの正の電荷が正の方向に通過
　②「+」　　①「+」

断面を,
毎秒3Cの負の電荷が逆の方向に通過
　②「−」　　①「−」

$$電流 = \overset{①}{+}(\overset{②}{+}\,3\,\mathrm{C/s}) = +3\,\mathrm{C/s} = 3\,\mathrm{A}$$

$$電流 = \overset{①}{-}(\overset{②}{-}3\,\mathrm{C/s}) = +3\,\mathrm{C/s} = 3\,\mathrm{A}$$

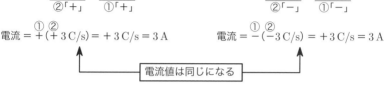

電流値は同じになる

図5-15　断面を通過する電荷の絶対値が同じであれば,
「正の電荷が右へ」と「負の電荷が左へ」は同じ電流となる,

となり, 正電荷のときと同じになるのです.

　トリックみたいですが,「符号が逆」かつ「向きも逆」というダブルの逆が関与することによって,「違いなし」ということになるのです. 数式上で説明するならば, 流れが「逆向き」であるために(　)の外側に負号が付くと同時に,「負電荷」であるために(　)の内側にも負号が付き,(負)×(負)=(正)になるわけです.

　以上のように, 単位時間当たりに断面を通過する電荷量の絶対値が同じであれば, 正の電荷が右に流れるときと, 符号が逆のものが逆向きに流れるときでは, 全く同じ電流値になり, 電流値だけを見る限り, どちらなのかは区別できないのです. このことに気づいたアンペールは, 自身の理論を論じるときのただし書きとして,「どちらか区別できないので, 本論文では, 正の電荷が流れるものとして説明します」と書いています.

電子は「流れ上がる」「転げ上がる」という イメージを持つべし

電流を水の流れに例えていたときには，

> 高い所から低い所に水が流れ落ちるように，
> 電流が流れているときには，**電荷が高電位から低電位に流れ落ちる**
> （電荷を粒と考えると，**粒が転げ落ちる**という表現になります）．

という説明をしていました．しかし，流れるものが負の電荷を持つ電子であることが発覚してしまいましたので，このイメージは次のように修正する必要があります．

> 電流が流れているときには，**電子が低電位から高電位に流れ上がる**
> （**電子が転げ上がる**という表現になります）．

なんだか妙な表現になりますね．

　しかし，これが電気の世界なのです．第3章7節のクーロンの法則の説明でも少し触れましたが，水の流れは，引力しかない万有引力の法則に支配されているので，「転げ落ちる」しかありませんでした．これに対し，電荷の流れは，引力も反発力もあるクーロンの法則に支配されています．ですので，「転げ上がる」ということも起こるわけです．以上のことから，「早めの水流モデルからの卒業」が，電気の世界を理解するためには重要であるということがわかってもらえるのではないかと思います．

電場の概念の導入

これまでの章で説明したように，帯電や電流が流れるという現象の担い手が，負の電荷を持つ電子であるということが明らかにされました．電子の流れが電流の向きと逆になるという厄介なことが生じましたが，少し頭を切り替えることで，それまでの理論を変更しなくてもよくなりました．

　ただ，あることがまだ十分に理解されていませんでした．それは，電荷に作用する力の起源に関することです．第3章で説明したように，電荷を持った物体の間に引力や反発力が働くことは，電気の研究が始まった頃からわかっていました．その力の大きさと電荷量の関係は，クーロンの法則として定式化され，その力をクーロン力と呼ぶようになりました (第3章7節)．

　電流が流れるのは，このクーロン力が作用して電荷が動くからなのですが，ある研究者が疑問を抱いたのです．それは，「離れているところになぜ力が及ぶのだろう」という疑問です．確かに，物体に力が作用するときには，何らかの接触を伴います．クーロン力 (や重力) は，離れていても作用します．変ですね．これを解決するために，ある概念が導入されました．それが「電場」という概念です．どのような概念なのでしょうか．本章では，電気の理論の中に新たに導入された「電場」という概念について説明します．

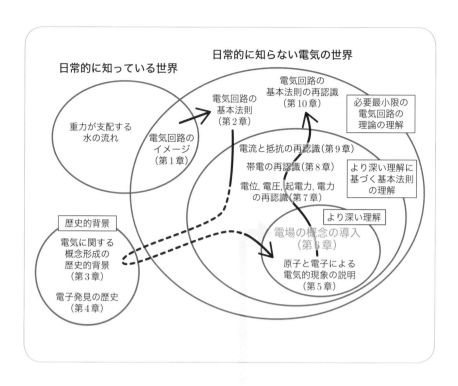

01. 電場という概念のはじまり（遠隔作用と近接作用）

02. 電場の定義と表現方法

03. 複数の原因電荷による電場の合成

04. 一様な電場

05. 電場を「坂の勾配」で表現する

Chapter 6
01 電場という概念のはじまり（遠隔作用と近接作用）

通常，物体に力が作用するときには，作用をする側とされる側が接触します．これを近接作用といいます．しかし，クーロン力（静電気力，電気力と同義）は，非接触で作用します．これを遠隔作用といいます．当初は，「クーロン力とはそういうものなのだ」と考えられていました．しかし，英国の科学者ファラデーは，この考え方に疑問を抱き，「作用が起こる原因は，作用が起こるその場所にあるはずだ」という近接作用の考え方を提唱しました．そして，それを説明するために，「電場」という概念を新しく考え出しました．本節では，この電場という概念の必要性と概要を説明します．

遠隔作用から近接作用への思考転換

図6-1のように，正の電荷Aと電荷Bがある距離を隔てて存在しているとします．このとき，AとBにはクーロン力が作用します．しかし，こう言えるのは，AとBが図6-1のように存在しているということを「私たちが」知っているからです．作用を受けるAとBの身になって考えてみると，これらの電荷は自身が置かれた場所のことしかわからないはずです．そこでファラデー（Michael Faraday，1791年〜1867年）は，ある電荷にクーロン力が作用する原因が，その電荷が置かれた場所に何らかの形で存在するはずだという近接作用の考え方を提唱しました．

「電場」を用いた「近接作用」によるクーロン力の説明

ファラデーは，近接作用でクーロン力を説明するために，電荷の周囲に**電場**というものが形成されていると考えました．電場とは，「そこに電荷を置くと，クーロン力が作用する」という電気的性質を持つ空間のことです．

図6-2の（a）と（b）は，電荷Aと電荷Bがそれぞれ周囲に形成する電場のイメージを図にしたものです．このときのクーロン力は次のように説明されます．

図6-1　クーロン力の遠隔作用モデル

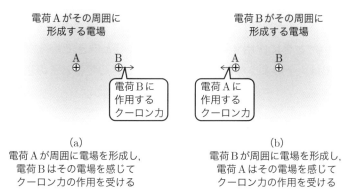

電荷Aがその周囲に
形成する電場

電荷Bがその周囲に
形成する電場

電荷Bに
作用する
クーロン力

電荷Aに
作用する
クーロン力

(a)
電荷Aが周囲に電場を形成し,
電荷Bはその電場を感じて
クーロン力の作用を受ける

(b)
電荷Bが周囲に電場を形成し,
電荷Aはその電場を感じて
クーロン力の作用を受ける

図6-2　クーロン力の近接作用モデル．2つの電荷は,
相手が形成している電場を介して,離れた所にある相手の存在を感じる.

> 電荷Aは,その周囲の空間に電場を形成している.
> 電荷Bは,置かれた場所でその電場を感じ,クーロン力を受ける.
>
> 電荷Bは,その周囲の空間に電場を形成している.
> 電荷Aは,置かれた場所でその電場を感じ,クーロン力を受ける.

　このように,電場というものを仲介させることで,ある場所に置いた電荷にクーロン力が作用する原因が,置かれたその場所に存在することになります.つまり,クーロン力を近接作用で説明できるのです.

　本節で説明した電場という概念は,当初は空想の域を出ないものでした.しかし,空間を伝播する電波の存在が電場の概念に基づいて理論的に予測され,その後,実験的にも証明されたことによって,電場は電気工学に必須の概念となりました.次節以降では,電場を用いた理論の構築に必要となる電場の数量化と表現方法について説明します.

02 電場の定義と表現方法

Chapter 6

電場中のある1点に注目すると，その点における電場の性質は，そこに電荷を置いたときに作用するクーロン力の強度と向きで特徴づけられます．本節では，そのような電場を数量化するときの定義とその表現の方法を説明します．

電場の定義（その1）

図6-3のように，電場の中のある1点に任意の電荷 q を置いたときに作用するクーロン力を F としたとき，その点の電場強度 E は，

$$E = \frac{F}{q} \quad \text{または} \quad F = qE$$

で定めることになっています．つまり，電場とは，単位電荷当たりのクーロン力であるということができます．

電場の向きは，正の電荷を置いたときのクーロン力の向きで定めます．負の電荷を置いたときには，電場の向きとクーロン力の向きが逆向きであると考えます．これは，上式において q が負になると，E の符号が F の符号の逆になることに対応しています．

また上式から，電場を数量化したときの単位が決まります．クーロン力の単位が[N]（ニュートン）で，電荷の単位が[C]（クーロン）ですから，クーロン力を電荷で割り算して得られる電場の単位は[N/C]（ニュートン毎クーロン）となります．なお，定義の段階では電場の単位は[N/C]となりますが，電気工学ではこれと等価な[V/m]（ボルト毎メートル）という単位を優先的に使います（第7章6節参照）．

(a)正の原因電荷が形成する電場と試験電荷に作用するクーロン力

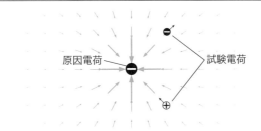

(b)負の原因電荷が形成する電場と試験電荷に作用するクーロン力

図6-3　正負の原因電荷が形成する電場と,
そこに正負の試験電荷を置いたときに作用するクーロン力.

電場の定義(その2)

　置く電荷 q を単位電荷($q = 1\,\mathrm{C}$)にすると E と F の数値は同じになり，向き
も同じになります．ですので，ある場所の電場の強度と向きは,

そこに置いた単位電荷に作用するクーロン力の強度と向き

と定義することもできます.

原因電荷と試験電荷

　電場について考えるときには，電場を形成している電荷と，その電場に置いた電荷を明確に区別する必要があります. そこで，その区別が不明確になりそうなときには，電場を形成している電荷を原因電荷と呼ぶことにします. これに対し，ある場所の電場を調べるために置く電荷のことを試験電荷と呼びます. 一般に，試験電荷は単位電荷であることが多いのですが，文脈によってはそうでないこともありますので注意してください.

電場の表現方法は「矢印」

　一般に，強度と向きを持つ量を図示するときは矢印を使い，矢印の長さと向きで，その量の大きさと向きを表します. したがって，強度と向きを持つ電場も図6-3のように矢印で表します. ただし，電場は空間の各点の性質ですから，絵で描こうとすると，矢印が空間を埋め尽くしてしまいます. そのため，適度に間引いて描いてあります.

　矢印の向きは原因電荷の符号で異なります. 原因電荷が正の場合，その周囲に単位電荷を置くと，両方とも正電荷ですから，置いた単位電荷には反発力が作用します. したがって，電場を表す矢印は，図6-3(a)のように，原因電荷から出てくるような矢印になります. 逆に，原因電荷が負の場合には，置いた単位電荷に引力が作用します. したがって，電場を表す矢印は，同図(b)のように，原因電荷に入るような矢印になります.

Chapter 6

03 複数の原因電荷による
電場の合成

　複数の原因電荷が存在するとき，その空間に置いた試験電荷が感じる電場は，それぞれの原因電荷による電場を，向きも考慮して足し算した電場です．このとき，「向きを考慮した足し算」を厳密に説明しようとすると，高度な数学を必要とします．しかし，この足し算の基本的な考え方は，電気工学を含む様々な分野でしばしば必要となる重要な考え方です．そこで本節では，そのような足し算の概略を説明し，特に重要な「強め合い」と「弱め合い」の例を紹介します．

2つの電荷が形成する電場

　例えば，2つの正の原因電荷が形成する電場を考えてみます．図6-4の（a）と（b）は，それぞれの原因電荷による電場を矢印で描いたものです．図中で拡大している部分は，空間中の1点に注目したときに，（a），（b）の原因電荷が個別に形成する電場の強度と向きを表しています．

　同図（c）は，これらの原因電荷が同時に存在するときの電場です．このとき，先ほど注目した1点の電場は，各原因電荷が個別に形成する電場を，向きも考慮して足し算した結果になります．その足し算の概念を同図の拡大した部分に図示しました．同図の他の矢印はすべて同様の足し算をして得られています．

6

電場の概念の導入

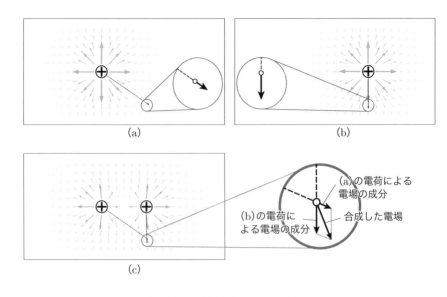

(a)

(b)

(c)

図6-4　複数の原因電荷による電場の合成.

電場の強め合いと弱め合い

　向きを考慮した足し算では，「強め合い」と「弱め合い」があります．これは，同じ強度の電場を足し合わせたときに，お互いの向きが同じならば強め合い，向きが逆ならば弱め合うということです．

　図6-5は，2つの原因電荷が正と正，負と負，正と負，負と正の場合の電場を描いたものです．同図 (a) や (b) のように，同じ電荷が向かい合っているときには，その中央付近の電場は，それぞれの電荷が単独で存在しているときよりも小さくなります．これは，2つの電荷による電場の向きが逆になり，打ち消し合うからです．ですので，矢印がほとんど見えないくらい小さくなっています．

　一方，同図 (c) や (d) のように，異符号の電荷が向かい合っているときには，その中央付近の電場は，それぞれの電荷が単独で存在しているときよりも大きくなります．これは，2つの電荷による電場の向きが同じなので，強め合うからです．そのため，矢印が大きくなりはっきりと見えます．

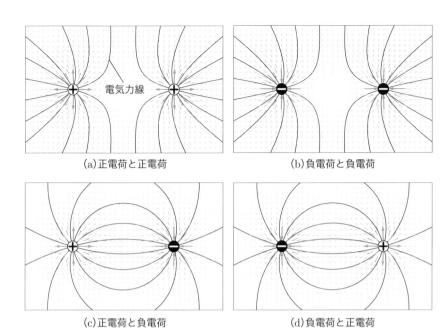

(a) 正電荷と正電荷   (b) 負電荷と負電荷

(c) 正電荷と負電荷   (d) 負電荷と正電荷

(注)図中の曲線の意味

　この曲線は, 電気力線と呼ばれています. この線の上に試験電荷を置くと, 大きさの大小はあるかもしれませんが, この線に沿ったクーロン力が働きます. つまり, 試験電荷がクーロン力で動くときには, この線に沿って動くわけです.

　クーロン力がこの線に沿った向きですので, 電場もこの線に沿った向きになります. つまりこの線は, 電場の矢印をつなげたものといえます.

　電気力線を見ただけでは, 電場の強度はわかりませんが, 電場の向きはわかります. この図では, 電場強度の弱いところでは矢印の大きさが小さくなり, 矢印だけでは電場の向きがわかりにくくなります. そこで, 電場の向きがわかる電気力線を矢印とともに描いてあります.

図6-5　2つの電荷が形成する電場のバリエーション.

04 一様な電場

　複数の電荷が形成する電場は，一般に複雑な空間分布を持ちます．しかし，実は，電荷がある特定の形状で分布している場合には，電場の空間分布が一様になるのです．電気工学では，基本的なことを考えるときには，そうした一様な電場を想定します．本節では，そのような一様電場の典型例として，面状に分布した電荷（面電荷）が対向しているときの電場の空間分布を紹介します．

電荷が一列に並んで対向すると……

　これまでは，2つの点電荷が対向したときの電場の空間分布を扱ってきました．本節の主題である面状の電荷が形成する電場を説明する前段階として，電荷の個数が少し増えたときの電場の分布を説明します．

　図6-6は，一列に並んだ3個の電荷が対向したときの電場の計算結果です．同図（a）や（b）のように同符号の電荷が対向している場合には，対向する電荷の間の電場強度は弱くなります．同図（c）や（d）のように異符号の電荷が対向している場合には，対向する電荷の間の電場強度は強くなります．この傾向は，前節の2つの電荷が対向しているときと同じです．

　これに加えて，今回のように一列に並んだ複数の電荷が対向している場合には，電荷間の電場の空間分布が一様になっていることがわかります．ということは，並ぶ電荷の個数が増えると，もっと均一化すると予測されますね．実はその通りなのです．

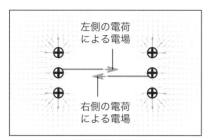

(a)正電荷と正電荷 　　　　　　　(b)負電荷と負電荷

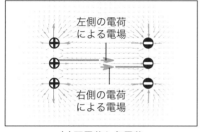 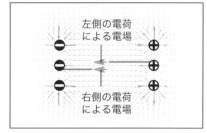

(c)正電荷と負電荷 　　　　　　　(d)負電荷と正電荷

図6-6　一列に並んだ3個の電荷が対向したときに形成される電場.

対向する面状電荷は一様な電場を形成する

　図6-7は，面状に均一に分布した電荷が対向したときの電場の空間分布です．図6-6では奥行きを考えていませんでしたが，図6-7では，奥行き方向にも均一に電荷が分布していると想定しています．

　得られる電場は，同符号の電荷が対面すると電場が弱め合い，異符号の電荷が対面すると電場が強め合っています．この傾向は，図6-6の3個の電荷が1列に並んで対向したときと同じですが，電場が均一になっている領域がさらに広くなっており，非一様な電場が見られるのは面電荷の端部だけです．面状の電荷が無限に広がっている場合には，端部がありませんので，均一な領域が無限に広がります．つまり，面電荷間の電場は，どの点でも同じ強度で，同じ向きとなります．このような電場を「一様な電場（一様電場）」といいます．

　一様な電場を想定すると，電場と電荷の関係を考えやすくなりますので，電気の理論の多くは，このような一様電場を想定しています．なお，現実には，無限に広い面電荷は作れません．しかし，向かい合う面の間隔よりも，面の広

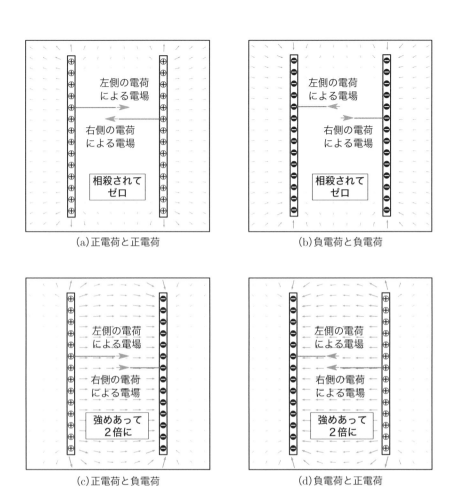

（a）正電荷と正電荷

（b）負電荷と負電荷

（c）正電荷と負電荷

（d）負電荷と正電荷

図6-7 一様に分布した面状の電荷が対向したときに形成される電場.

さが十分に大きければ，有限の面であっても，端の部分の影響が無視できるほ
ど小さくなるので，無限大の面と仮定して考えても実用上は差し支えないこと
がわかっています．

05 電場を「坂の勾配」で表現する

　前節までの説明では，電場を矢印で表していました．これに対して，電場を「坂の勾配」で表現する方法もあります．なぜ，電気の世界に「坂の勾配」が出てくるのかについては，後述の第7章2節の電位の部分で説明します．本節では，まず電場を坂の勾配に類比できるということをまず知ってもらおうと思います．

点電荷の場合

　図6-8は，点電荷が形成する電場の「坂の勾配」のイメージ図です．この表現方法の場合には，以下のように考えます．

> **正の原因電荷は「高い所」**（急峻な山の山頂）
> **負の原因電荷は「低い所」**（急峻な谷の谷底）

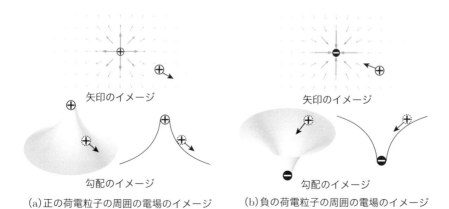

（a）正の荷電粒子の周囲の電場のイメージ　　（b）負の荷電粒子の周囲の電場のイメージ

図6-8　点電荷が形成する電場の「坂の勾配」のイメージ．

試験電荷がクーロン力を受ける様子は，「物体が坂を転げ落ちる」というイメージで考えます．このイメージでは，転げ落ちる向きがクーロン力を受ける向き（つまり電場の向き）に対応し，転げ落ちやすさがクーロン力の強度（つまり電場の強度）に対応します．つまり，電場と勾配を以下のように対応づけます．

> 電場の向き ⇔ 勾配の向き， 電場の強度 ⇔ 勾配の大きさ

　原因電荷からの遠近による電場強度の違いは，以下のように対応します．

> 原因電荷の近く 　⇔ クーロン力が強 ⇔ 電場強度が強 ⇔ 勾配が急峻
> 原因電荷から遠く ⇔ クーロン力が弱 ⇔ 電場強度が弱 ⇔ 勾配が緩慢

面電荷の場合

　面電荷の場合には，図6-9(a)のように対向する面電荷の間に均一な電場が形成されます．電場強度が場所によらず一定であるということは，どの点も勾配が同じということを意味します．したがって，「坂の勾配」のイメージで表現すると，同図(b)のような単純な斜面のイメージになります．

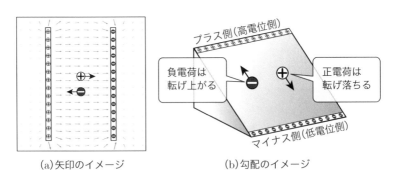

(a)矢印のイメージ 　　　　(b)勾配のイメージ

図6-9　面電荷が形成する電場の「坂の勾配」のイメージ.

正電荷と負電荷は勾配の感じ方が違う

　電場の向きは，正の電荷である試験電荷に作用するクーロン力の向きで決めています．したがって，電場の中に正の電荷を置いたときのクーロン力を考えるときは，先述のイメージのままで考えることができます．しかし，置く電荷が負の場合には，作用するクーロン力の向きが電場の向きと逆になります．つまり，

> **正電荷は坂を「転げ落ちる」**
> **負電荷は坂を「転げ上がる」**

　というイメージになってしまうのです．負電荷の挙動については変な感じですが，第5章11節でも説明したように，これについては，電気の世界の基本的な性質であると理解し，慣れるべきことかと思います．

　というのは，私たちが上記のことを変に思うのは，日常的に知っている物体が正の質量しか持たないからです．もしも，負の質量を持つ物体があったとすると，重力に逆らって「転げ上がる」という現象も日常的に起こりますので，「負の質量を持つ物体はそういうものだ」と理解していることでしょう．ですので，「負電荷が坂を転げ上がる」は，電気の世界の日常なのだ，と思って慣れてくださいね．

電位, 電圧, 起電力, 電力の再認識

Chapter **7**

第6章では，電気の理論の中に新たに導入された「電場」という概念について説明しました．電場の概念の導入により，物理学における「仕事」や「エネルギー」という概念が電気の理論に関係するようになりました．

　本章では，「仕事」や「エネルギー」という概念を使うと，これまでに学んだ「電位」，「電圧」，「起電力」，「電力」という電気の世界の概念がどのように解釈されるのかを説明します．

　例えば，第1章で「電位」という概念を導入したときには，日常的に知っている「高い／低い」に例えて説明をしましたが，そもそもなぜ電気の世界には「高い／低い」と表現できる概念があるのでしょうか．

　「高い所」を仕事という概念を使って説明すると，「そこに物体を移動させるときに，重力に対抗する力を作用させて仕事をする必要がある所」となります．実は，電荷を移動させるときにも，移動する向きによっては，仕事を要することがあります．このとき，電気の世界では，移動元に対して移動先が「高い所」であると考えるのです．本章では，こうした考え方に基づいて「電位」，「電圧」，「起電力」，「電力」というものを改めて再認識してもらおうと思います．

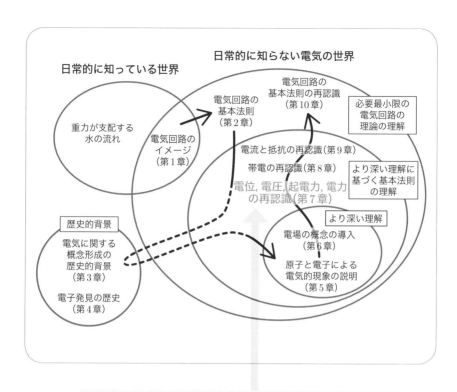

01. 物理学における仕事とエネルギー

02. 電位とポテンシャルエネルギー

03. 負電荷が感じる電位は上下逆転

04. 電位よりも電圧（電位差）が重要

05. 電圧の数値とその正負の意味

06. 電場は電位勾配である

07. 電池の役割の再認識

08. なぜ電圧と電流のかけ算が電力になる？

09. 電力のゼロと正負

物理学における仕事と
エネルギー

　ちょっと電気から離れてしまうのですが，次節以降で「仕事」と「エネルギー」という概念を使いますので，本節と次節ではその概要を説明します．

仕事

　物理学における「仕事」とは，「力を作用させ続けて，その力の向きに移動すること」を意味します．仕事の程度は，以下のように数量化されます．

> **（仕事）＝（作用させ続けた力）×（力の向きに動いた距離）**

　仕事を数量化したときの基本単位は[J]（ジュール）です．力の基本単位が[N]（ニュートン）で，長さの基本単位が[m]（メートル）ですので，これらの単位の間には，J（ジュール）＝N・m（ニュートン・メートル）という関係があります．例えば，図7-1の①のように，ある人が，100Nという力を物体に作用させながら，その物体をその力の向きに1.5mだけ高いところに移動した場合，その人がした仕事は100N×1.5m＝150N・m＝150Jとなります．

エネルギー

　ある何か（例えば，上記のように「人」）が仕事をしたとします．このとき，その何かが仕事をする前に持っていた**「仕事をする能力」を「エネルギー」**といいます．エネルギーは後で仕事に変換されるものですので，それを数量化したものは，仕事と同じ[J]（ジュール）という単位をつけて表します．エネルギーには様々な種類があり，運動している物体が持つエネルギーを運動エネルギーといい，高い所にある物体が持つエネルギーを位置エネルギーといいます．

仕事とエネルギーの変換とエネルギーどうしの変換

　エネルギーは仕事と相互変換ができ，かつ別の種類のエネルギーとの相互変

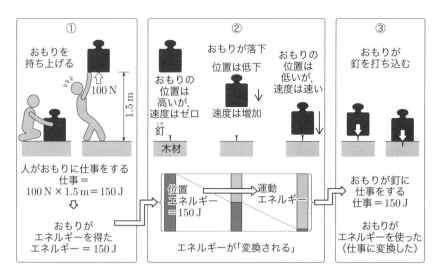

図7-1　仕事とエネルギーの関係とエネルギーの変換.

換もできます．その具体例を図7-1に示しました．

　①では，人が150Jの仕事をして，おもりが高い所に移動します．このとき，人が仕事をする前から持っていたエネルギーは，仕事に使った150Jだけ減ります．ただし，減ったエネルギーは消滅したのではありません．おもりが持つ150Jの位置エネルギーに変換されたのです．

　②では，持ち上げられたおもりが落下します．おもりの位置が低下するので，おもりの位置エネルギーが減少します．この場合も，エネルギーの減少は，消滅ではなく変換です．おもりの落下速度が落下とともに増加しますので，②の棒グラフのように，位置エネルギーが徐々に運動エネルギーに変換されるのです．おもりが釘の頭の高さまで到達したときには，最初に持っていた位置エネルギーのほとんどが運動エネルギーに変換されています．しかし，その総和は最初の位置エネルギーと同じなのです．このように**エネルギーは姿を変えていきますが，その総量が増えたり減ったりすることはありません．これをエネルギー保存則といいます**．

　③では，釘の頭に到達したおもりが持つエネルギー（運動エネルギーと若干の位置エネルギー）が，釘を木材に打ち込むという仕事に使われます．これは，エネルギーから仕事への変換です．なお，人の仕事がエネルギーに変換された

ように，おもりが行ったこの仕事もエネルギーに変換されています．この場合には，釘と木材の間の摩擦熱に起因する熱エネルギーなどに変換されています．

　以上の過程を振り返ると，人がおもりを持ち上げるという仕事が位置エネルギーに変換され，それが落下という現象を通じて運動エネルギーに変換され，最後に釘を打ち込むという仕事に使われています．つまり，**ある仕事をしてそれをエネルギーに変換しておくと，そのエネルギーを，別の場所で，別の時刻に，別の仕事のために使える**のです．なお，エネルギーを別の仕事に使う（変換する）際には，その仕事に変換しやすいエネルギーの方が重宝されます．実は，数あるエネルギーの形態の中でも，**最も重宝されているのが電気エネルギー**なのです．その理由は，身の回りを見るとわかると思います．電気エネルギーを使えば，温める（電気ストーブ，電子レンジ，トースター），冷やす（冷蔵庫，クーラー），光らす（電球，蛍光灯，LED），動かす（扇風機，モーター）などの様々な仕事への変換が容易にできています．第9章では，その一例として，比較的簡単に説明できる「温める」と「光らす」という仕事への変換原理を説明しています．ただ，簡単とはいえども，ある程度の予備知識が必要になります．第7・8章の説明は，第9章を理解するための準備だと思ってください．

　次節以降では，水流モデルで導入した「電位」，「電圧（電位差）」，「電流」という概念を，本節で説明した「仕事」と「エネルギー」という概念を使って説明します．

02 電位と ポテンシャルエネルギー

　電気の水流モデルの説明の中では，「電気の世界に高い・低いがあり，その高さを電位といいます」と説明しましたが，なぜ地上の高い・低いと似たような概念が電気の世界にあるのでしょうか．

　実は，その理由には，前節で説明した仕事とエネルギーが関係しています．結論から言うと，その理由は，「電気の世界でクーロン力に逆らって正の電荷を動かすと，あたかも重力に逆らって低い所から高い所に物体を持ち上げたときのようなエネルギーの増加があり，それが電気の世界の高い・低い，すなわち電位という概念につながっている」からなのです．本節では，この結論に至る過程を説明します．

なぜ電気の世界に高い・低い（電位）というものがあるのか

　地上のように重力が作用する空間（重力場といいます）では，重力に逆らって物体を移動させると，移動の際にしてもらった仕事の分だけ位置エネルギーが増えます（本章1節）．このとき私たちは，**位置エネルギーが増加する移動後の場所を「高い所」と認識**しています．

　実は，電気の世界にも似た状況があるのです．図7-2（a）のように正の電荷を正の電荷に近づけるときや，同図（b）のように正の電荷を負の電荷から遠ざけるときには，電場によるクーロン力に逆らって①から②に移動させます．このとき，移動させた電荷は仕事をしてもらったことになります．そして，移動後の②の場所にある電荷は，その仕事の分だけエネルギーが増えます．

　これは，重力場の中の物体を高い所に移動させたときの状況と似ていますね．そこで，**エネルギーが大きくなる移動後の場所を「（電気の世界の）高い所」**というイメージで考えるわけです．電位という概念は，このようにして生まれています．その結果，図7-2の電位のイメージで示した以下のようになるのです．

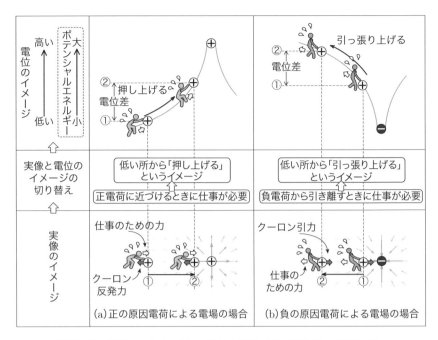

図7-2　電位のイメージと仕事の関係（正電荷を動かす場合）.

> 正の原因電荷がある場所　＝　電位が高い（山頂のイメージ）
> 負の原因電荷がある場所　＝　電位が低い（谷底のイメージ）

ポテンシャルエネルギー

　高い所に持ち上げられた物体が持つエネルギーを位置エネルギーといいますが，電位の高い所に持ち上げられた電荷が持つエネルギーをポテンシャルエネルギーといいます．ポテンシャル（potential）は潜在的という意味を持ち，概念的にはポテンシャルエネルギーと位置エネルギーは同じです．実際，英語では位置エネルギーもポテンシャルエネルギーといいます．

電位は「正の電荷にとっての高さ」

　本節で説明した電位の高低のイメージは，「高い所に移動させるためには仕事が必要」という日常的な感覚と，「高い電位の所に電荷を移動させるためには仕

事が必要」というイメージが合致していますので，わかりやすいと思います．

　ただし，**日常的感覚と合致するのは，動く電荷が正電荷の場合だけです．動く電荷が負電荷の場合には，本節で説明したことの上下関係が逆転します**．混乱してしまうかもしれませんが，次節ではその詳細について説明します．

03 負電荷が感じる電位は
上下逆転

　前節の電位の高低イメージは，正の電荷を動かすときを想定して説明しました．このイメージは，日常的な地上の重力場における高低イメージと合致しているので，わかりやすかったと思います．

　しかし，残念ながらそのイメージは，負の電荷を動かすときには通用しません．なぜなら，同じ電場や電位勾配であっても，正の電荷と負の電荷では感じるクーロン力の向きが正反対になるからです．そこで本節では，**「電荷の正負によって頭の中のイメージをうまく切り替えてください」**という説明をします．

電荷の正負で頭の中のイメージを切り替えよう

　空間に電場（電位勾配）があるとき，正の電荷は「電位勾配を転げ落ちる」のに対し，負の電荷は「電位勾配を転げ上がる」という非日常的な性質を持ちます（第6章5節）．そのため，電位の高低差や勾配のあるところで電荷の動きを考えるときには，電荷の符号によって以下のように頭の中のイメージを切り替える必要があります．

正の電荷の場合（前節の図7-2）

・放っておくと勝手に起こるのは？ ⇒ 高電位から低電位への移動．
　「転げ落ちる」というイメージ．

・仕事をしなければならないのは？ ⇒ 低電位から高電位への移動．
　「押し上げる」，**「引っ張り上げる」**というイメージ．

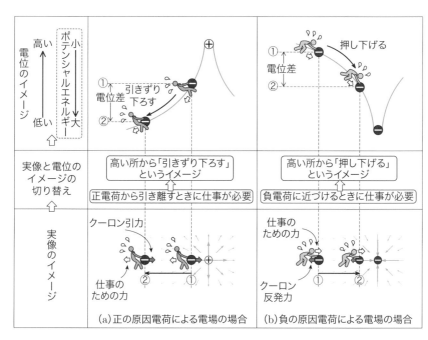

図7-3　電位のイメージと仕事の関係（負電荷を動かす場合）．

負の電荷の場合（本節の図7-3）

・放っておくと勝手に起こるのは？ ⇒ 低電位から高電位への移動．
「転げ上がる」というイメージ．

・仕事をしなければならないのは？ ⇒ 高電位から低電位への移動．
「押し下げる」，**「引きずり下ろす」**というイメージ．

電位の高低と正負電荷のポテンシャルエネルギーの関係

　正電荷のポテンシャルエネルギーが増えるのは，電位の高い方に向かうときでした．これは，前節で説明した通りです．これに対し，負電荷のポテンシャルエネルギーが高くなるのは，電位の低い方に向かうときになります．

　このようにポテンシャルエネルギーについては，電位との上下関係が正電荷と負電荷で反転してしまいます．しかし，**ポテンシャルエネルギーが増える原因は，どちらの場合も「仕事をしてもらったから」**です．そのことを理解してお

く方が，電位の高低とポテンシャルエネルギーの大小が逆転するということを
鵜呑みにして覚えるよりもよいと思います（※）．

（※）電気の世界を考えるときには，一般には，前節のように正の電荷の挙動を基盤にして考え
ます．そのため，負の電荷の挙動を考えるときには，本節のように頭の切り替えをしなければ
なりません．ただし，分野によっては，その頭の切り替えを毎回するのは大変だ，と考える分
野もあります．それが「半導体工学」という分野です．この分野では，負の電荷である電子の挙
動を基盤として考え，電子を動かすときに仕事が必要な電位の方を「上」と考えます．つまり電
子のポテンシャルエネルギーが大きい方を「上」と考えるのです．そのため半導体工学では，図
7-2や図7-3の電位のイメージを最初から上下逆転させた絵で説明がなされています．

電位よりも電圧（電位差）が重要

　電気的な現象を説明する際には，電位よりも電圧（電位差）が重要です．これについては，すでに水流モデルで説明をしました．しかし，そのときの説明はたとえ話でした（第1章3節）．本節では，たとえ話ではなく，電位や電圧という概念の根源である仕事やエネルギーを使って，電位よりも電圧が重要であるということを再確認します．

重力の場合も高さの差が重要

　図7-4（a）のように，物体を5 mだけ持ち上げる仕事をするとき，地面からの5 mとビルの屋上からの5 mでは実際の高さは違います．しかし，仕事はどちらも同じです（高さによる重力の違いは無視できるとします）．つまり，**仕事や位置エネルギーの増減を決めているのは，ある1点の高さではなく，「2点間の高低差」**なのです．また，持ち上げた物体が落ちるときも，やはり2点間の高低差によって，落ちた後に変換されるエネルギーが決まります．

電気の世界の電位の差（電圧）

　電気の世界の高さである電位を扱うときにも同様です．すなわち，図7-4（b）のように，**電場の中での仕事やポテンシャルエネルギーの増減を考えるときには，ある1点の電位ではなく，2点間の電位差（つまり電圧，以降は電圧で統一）を使って考えます．**

　ただし，1点の電位で考えてもよいときがあります．それは，後述のように基準となる電位がゼロの場所を定めた場合です．例えば同図（b）の①の部分が基準であると決めると，他の場所の電位は，すべてその基準との差となります．そのため，1点の電位で考えているようだけれども，自動的に2点間の差になっているのです．このとき気になるのが，基準となる電位がゼロの場所です．この場所はいったいどうやって決めるのでしょうか．

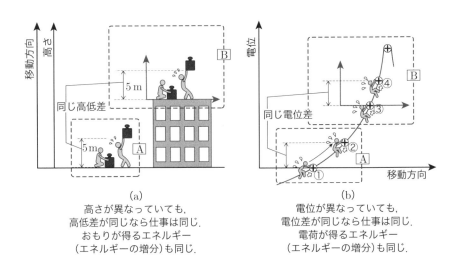

(a)
高さが異なっていても，
高低差が同じなら仕事は同じ．
おもりが得るエネルギー
（エネルギーの増分）も同じ．

(b)
電位が異なっていても，
電位差が同じなら仕事は同じ．
電荷が得るエネルギー
（エネルギーの増分）も同じ．

図7-4　高さよりも高低差，電位よりも電位差（電圧）が重要．

電位がゼロの場所は自分で勝手に決める

　地上やビルの屋上から物体を5 mだけ持ち上げる仕事について考えるとき，暗黙のうちに，基準となる0 mの場所を自分で勝手に決めて，「ここから5 mだけの高さ」と考えていますよね．例えば，図7-4(a)のように，地面やビルの屋上の床を暗黙のうちに0 mとしていると思います．

　電気の世界でも同様なのです．**基準となる電位がゼロの場所を自分で勝手に決めてよい**のです．例えば，図7-4(b)の**A**の部分を考えるときに①を基準にしたとしても，**B**の部分を考えるときには，基準を①ではなく③に変更してもかまいません．ただし，基準となる場所は，同時に考えている空間の中で一つだけでなければなりません．通常は，考えている空間の中で一番低い電位の場所を基準にします．例えば，同図(b)において②と④の電位を比較するときには，①を基準にして，②と④の電位を比較します．

　電位や電圧（電位差）の概念的な意味については前節までに説明しました．ここでは，それを数量化したときの数値の意味について説明します．結論から言うと，電位や電圧の数値は単位電荷当たりに換算したポテンシャルエネルギーと同じです．本節では，このことに加えてその正負が意味することにも触れます．

電圧の数値（○○V）は単位電荷当たりの仕事に要するエネルギーに対応する

　第1章3節で，電位や電圧を数量化して表すときには○○V（ボルト）という表し方をしますと説明しましたが，○○という数値の意味は説明しませんでした．一方，本章のこれまでの説明で，電位や電圧が◎◎J（ジュール）という仕事（またはエネルギー）と関係する量であることがわかったと思います．物理学では，この関係を利用して，○○Vという電圧がどういう意味を持つものなのかを以下のように定義しています（図7-5参照）．

> **2点間を横切って1C（クーロン）の電荷を移動させたときに，その仕事が1J（ジュール）のとき，その2点間の電圧を1V（ボルト）とする．**

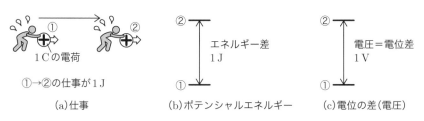

図7-5　「1V」の定義．

言い換えると，

> **電圧とは，電荷移動の際の仕事量（＝電荷が得たポテンシャルエネルギー）を単位電荷当たりに換算したもの**

と言えます．つまり，横切る電荷をq，2点間の電圧をΔV，仕事量をWとすると，

$$\Delta V = \frac{W}{q}$$

となります．例えば，$q = 2\,\mathrm{C}$の電荷が2点間をクーロン力に逆らって横断したときの仕事が$W = 10\,\mathrm{J}$のとき，2点間の電圧は$\Delta V = (10\,\mathrm{J})/(2\,\mathrm{C}) = 5\,\mathrm{J/C}$となります．単位が$[\mathrm{V}]$ではなく$[\mathrm{J/C}]$になっているのが気になりますね．実は，電圧を数量化するときに，単位についても取り決めがなされており，$[\mathrm{J/C}]$（ジュール毎クーロン）を$[\mathrm{V}]$（ボルト）で表すことになったのです．つまり，先ほどの$5\,\mathrm{J/C}$は$5\,\mathrm{V}$と同じことなのです．

電圧の正負

電圧とは2点間の電位の差ですので，その値は正にも負にもなります．その正負の意味を正しく相手に伝えるためには，ある2点間の電圧を明記するときに，どちらを基準にしたかということを明示しなければなりません．

例えば，空間中の点①と点②について，「①②間の電圧は$5\,\mathrm{V}$です」と言ったとします．この表現では，①と②の電位の差が$5\,\mathrm{V}$であるということはわかります．しかし，①が②よりも高電位なのか，その逆なのかがわかりません．そのため，図7-6(a)のように二つの可能性があります．意図的にこのような表現をする場合もありますが，これでは不明確です．

したがって，電圧を示すときには基準を明確にします．つまり，どちらからどちらを引いた差なのかを明確にします．その例を同図の(b)と(c)に示しました．例えば，①よりも②の電位が高い(b)の場合には，「①を基準とした①②間の電圧は$5\,\mathrm{V}$です」，もしくは「②を基準とした①②間の電圧は$-5\,\mathrm{V}$です」と言います（※）．**電圧に関して考えるときには，常にこの「基準をどちらにしているのか」を気にするようにしてください．**

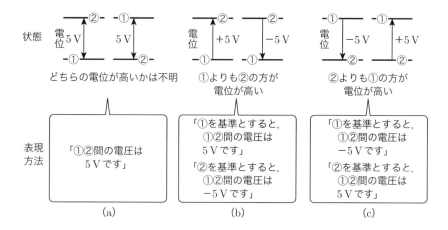

図7-6　電圧の正負の意味.

（※）「……を基準とした……」を「……から見た……」という言い方もします.

〈注釈〉第2章3節の注釈で，回路図を描くときの作法として，「ある2点間の電圧を回路図に明記するときには，（中略），高電位側に＋を，低電位側に－を必ず添えます」という説明をしました．本節の説明で，回路図を見る人に正しく情報を伝えるためには，そのような作法が必要であるということを理解してもらえると思います.

電場は電位勾配である

　電気の世界で電荷を動かすと，あたかも低い所から高い所に物体を移動させたようなエネルギーの増加があり，それが電気の世界の高い・低い，すなわち電位という概念につながります．このとき，電荷を動かしたときにエネルギーの増加が生じるそもそもの原因は，そこに電場があるからです．ということは，電場と電位の間には何らかの関係があるはずです．その関係性については，実は，第6章5節で説明しましたので思い出してください．

　電位は，電気の世界の高い・低いということだけを表すものですが，空間中に高さの分布があれば，「勾配」というものがありますね．勾配とは，距離に対する高低差の比で表されます．言い換えると，「ある決まった距離を移動したときの高さの変化」です．したがって，**電気の世界の勾配は，「ある決まった距離を移動したときの電位の変化」**となります．

　以下では，それが電場と同じことを意味するということを説明します．

電場と電位の関係

　図7-7（a）のような一様な電場が形成されている空間中で，電荷 q を①から②に移動したとします．このとき，①と②のポテンシャルエネルギーを，同図（b）のように，それぞれ ϕ_1，ϕ_2 とし，その差分を $\Delta\phi = \phi_2 - \phi_1$ とします．また，移動距離を d とします．

　$\Delta\phi$ は，電場によるクーロン力 F に逆らう力を電荷に作用させて，距離 d だけその電荷を動かしたときになされた仕事です（第1節，第2節）．その仕事 W は，力 F と移動距離 d のかけ算，すなわち，

$$\Delta\phi = W = Fd$$

となります．

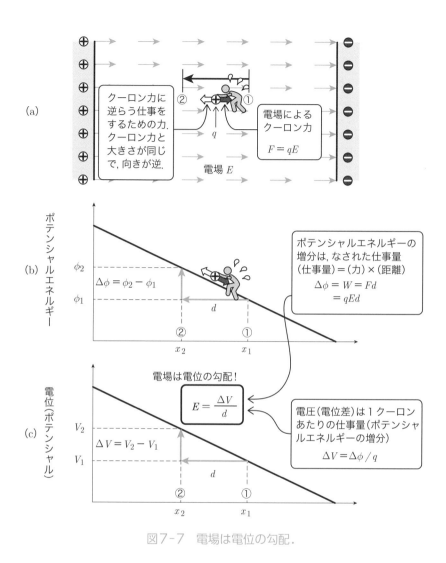

図7-7 電場は電位の勾配．

一方，電荷 q に作用するクーロン力 F は，その場所の電場強度 E と電荷 q を用いて，

$$F = qE$$

で与えられます（第6章2節）．

したがって，電荷に対してなされた仕事は，$W = qEd$ と書けます．この仕事が，移動によって電荷が得たポテンシャルエネルギー，すなわち，移動前と移動後のポテンシャルエネルギーの差分 $\Delta\phi$ になります．したがって，

$$\Delta\phi = qEd$$

となります．

この関係式はポテンシャルエネルギーの差分と電場の関係式ですが，電位の差分 (＝電圧) と電場の関係式に焼き直すことができます．なぜなら，ポテンシャルエネルギーの差を単位電荷当たりに換算したものが電位差であったからです (第4節)．つまり，同図 (c) のように移動前と移動後の電位の差を $\Delta V = V_1 - V_0$ とすると，$\Delta\phi$ と ΔV の間には，

$$\Delta V = \frac{\Delta\phi}{q}$$

という関係式が成り立ちます．

先ほど導出したように，$\Delta\phi = qEd$ という関係式を満たしていますので，$\Delta V = \Delta\phi/q$ の中の $\Delta\phi$ を qEd に置き換えると，

$$\Delta V = Ed$$

という関係式が得られます．この式を電場 $E = \cdots$ という形に変形すると，以下のようになります．

$$E = \frac{\Delta V}{d}$$

この式は，電位差 ΔV (すなわち電圧) を距離 d で割り算したもの，つまり単位長さ当たりの電位差を表しています．単位長さ当たりの電位差とは，冒頭で述べた「電位の勾配」のことです．つまり，電場と電位の間には，「**電場は電位の勾配である**」という関係があるのです．

電場の単位はN/C？ それともV/m？

　本節で説明した「**電場は電位の勾配である**」，「**電場は単位長さ当たりの電位差（電圧）**」という説明に従うと，電場の単位は$[V/m]$となります．しかし，第6章2節における電場の定義を説明したときには，電場の単位は$[N/C]$でした．一見すると両者が違うように見えるのですが，実は，$[N/C]$と$[V/m]$は等価なのです．そのことは既に第6章2節でも言及しましたが，本節でそのことを確かめます．

　電圧の単位である$[V]$は，第6章2節の定義によると，仕事の単位$[J]$（ジュール）と電荷の単位$[C]$（クーロン）を用いて，$V = J/C$と表すことができます．したがって，

$$\frac{V}{m} = \frac{J/C}{m} = \frac{J}{C \cdot m}$$

となります．

　一方，仕事の単位である$[J]$は，本章1節の定義によると，力の単位$[N]$（ニュートン）と長さの単位$[m]$（メートル）を用いて，$J = N \cdot m$と表すことができます．したがって，

$$\frac{V}{m} = \frac{J/C}{m} = \frac{J}{C \cdot m} = \frac{N \cdot m}{C \cdot m} = \frac{N}{C}$$

となります．つまり，$V/m = N/C$ということになります．

　物理の分野では，単位電荷当たりに作用する力などの力学的な関係を理論的に考える，あるいは実験的に計測する場合が多いので，$[N/C]$という単位の方が馴染むようです．

　一方，**電気工学の分野では，電場について考えるときには，ほとんどの場合，**前節で説明した**「単位長さ当たりの電位差（電圧）」で考えます**．そのため，$[N/C]$よりも$[V/m]$の方が優先的に採用されているのだと思います．

07 電池の役割の再認識

電池の役割を説明するときに，第1章の2節と4節の水流モデルでは，「低い所から高い所に水を汲み上げるポンプのようなものです」というたとえ話で説明をしました．本節では，これまでに学んだ電気の世界を支配する法則に基づいて電池の役割を説明します．結論から先に言うと，電池の役割は，「電場によるクーロン力に逆らって電荷を動かす仕事をすること」となり，この仕事をする能力が「起電力」です．このように表現する理由を以下で説明します．

電池はクーロン力に対向して電荷を動かすベルトコンベア

電池の役割を電気の世界の言葉で表現すると，二通りの言い方があります．一つ目は，図7-8(a)に示したように，「電池の役割は，正の電荷を低電位から高電位に移動させること」です．これは，電流の担い手を正の電荷であると考える場合の言い方です．実際には，回路を流れている電流の実体は，電流とは逆方向に流れる負の電荷をもつ電子の流れでした．これを意識する場合には，同図(b)のように，「電池の役割は，電子を高電位から低電位に移動させること」となります．どちらの場合も，**電池は，電場によるクーロン力に逆らって荷電粒子を移動させるベルトコンベア**としての役割を持つといえます．

起電力は電池が電荷に仕事をする能力

「仕事」とは，ある力に逆らう力を作用させながら物体を動かすことでした(本章1節)．重力に逆らって物体を持ち上げるとき，人は自身が持っていたエネルギーを使って物体に仕事をしています．高い所に持ち上げられたおもりは，人がした仕事に相当するポテンシャルエネルギーを持ちます．そして，そのエネルギーは，運動エネルギーに変換された後に，釘を打ち込む等の仕事に使われます．

これと同様に，**電池は自身が持っていたエネルギーを使って電荷に仕事(クー**

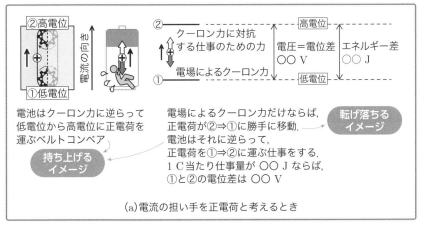

(a) 電流の担い手を正電荷と考えるとき

⇩⇧ 二つの考え方がある(どちらもOK)

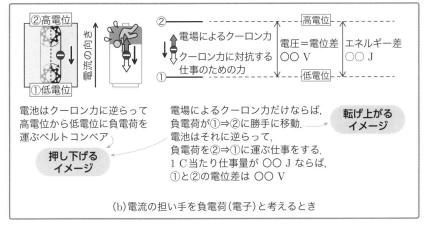

(b) 電流の担い手を負電荷(電子)と考えるとき

図7-8　電池の役割と電圧，起電力，仕事の関係．

ロン力に逆らって移動させるという仕事)をしています．**電池の「起電力」とは，実はこの仕事をする能力(エネルギー)のこと**なのです．ただし，起電力を数値で表すときには，◎◎ J (ジュール)と表すのではなく，○○ V (ボルト)と表します(5節参照)．これは，その方が電気回路の計算がしやすくなるからです．

電池が電荷にした仕事は，いったん電荷のポテンシャルエネルギーに変換されます．そのエネルギーは，導線の中を移動する電荷の運動エネルギーにも変

換されますが，導線の周囲を伝播する電波のエネルギーにも変換されます．後者の電波のエネルギーは本書で説明するには高度過ぎるので割愛しますが，最終的にはどちらのエネルギーも電球を光らせたり，電熱線を暖めたりする仕事に使われます．

この様子を図7-9(a)の回路を題材にして説明しましょう．同図(b)は，(a)の回路の電流の担い手が正電荷であると考えるときのイメージです．このイメージは，第1章2節で示した電気回路の水流モデルと全く同じですから，わかりや

電池では，電池が電荷に仕事をして，電荷がポテンシャルエネルギーを得る．

電球(抵抗でも同じ)では，電荷が得たポテンシャルエネルギーが，運動エネルギーなどを経て発光や発熱などの仕事に変換される(＝電荷がポテンシャルエネルギーを失う)．

(a)電池の役割と電球の役割の抽象的説明

電荷が正電荷の場合，クーロン力に逆らって電池が仕事をする方向は，高電位に向かう方向となる．

持ち上げるイメージ

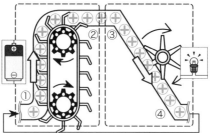

電荷が正電荷の場合，ポテンシャルエネルギーを失う方向は，低電位に向かう方向となる．

転げ落ちるイメージ

(b)電流の担い手を正電荷と考えるときの電池と電球の役割の具体的イメージ

電荷が負電荷(電子)の場合，クーロン力に逆らって電池が仕事をする方向は，低電位に向かう方向となる．

押し下げるイメージ

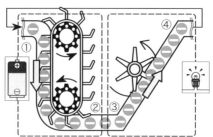

電荷が負電荷(電子)の場合，ポテンシャルエネルギーを失う方向は，高電位に向かう方向となる．

転げ上がるイメージ

(c)電流の担い手を負電荷(電子)と考えるときの電池と電球の役割の具体的イメージ

図7-9　回路の中での電池と電球の役割

すいと思います．しかし実際には，電流は逆向きに流れる負電荷（電子）の流れですので，同図（c）のようなイメージを持たねばなりません．このイメージを重力による水の流れと同じイメージでとらえると，粒で表現した負電荷が重力に逆らって動いていることになるので違和感を覚えます．しかし，第6章や本章3節で説明したように，**電気の世界における負電荷は坂を転げ上がるものだ（下ろすためには仕事が必要）というイメージに慣れていただく**ことで徐々に違和感が消えていくと思います．

豆知識 **電池を意味するバッテリーは軍事用語だった！?**

　電池を意味するバッテリー（英語：battery）の中にある「bat」は，野球のバットでご存じのように，「叩く」という意味を持ちます．そのため，叩き合いである戦争はbattleという単語になり，相手を言論で叩きのめす討論はdebateという単語になっています．では，「battery」は何でしょうか．実は，batteryという単語も戦争と関係する軍事用語で，たくさん集めて機能する兵器を指す単語でした．例えば，複数の砲弾を一気に発射する兵器がそれに該当します．それがなぜ電池を意味することになったのでしょうか．その原因はフランクリンなのです．ボルタの電池が発明される前のフランクリンが実験用に使っていた電池は，ライデン瓶と呼ばれるガラス瓶のようなものでした．彼はそれを何本もビールケースのようなものに収めて使っていました．それがまるで砲弾を何発も仕込んだ兵器のように見えたので，彼はそれをbatteryと表現したのです．その後，長い年月を経て軍事用語としての意味合いは消え，電池としての意味だけが残ったのです．

08 なぜ電圧と電流の かけ算が電力になる？

電力とは，電気エネルギーが光エネルギーや熱エネルギーなどの別のエネルギーに変換されるときに，単位時間当たりに変換されるエネルギーでした．第2章13節では，それが（電圧）×（電流）で与えられることを，理由を述べずに紹介しました．その理由は，そのときに述べたように，「仕事」という概念について知っておく必要があったからです．本節では，本章で説明した電気の世界における「仕事」という概念をベースにして，なぜ電圧と電流の積が単位時間当たりに変換されるエネルギーになるのかを説明します．

仕事はエネルギー変換

仕事がなされるときには，仕事をする側がもっていたエネルギーが，仕事をされる側に与えられます．つまり，エネルギーが変換されています．電力は，単位時間当たりに変換されるエネルギーのことですから，仕事という用語を使うと，**電力は，「単位時間当たりになされた仕事量」**となります．

「仕事量」が関係するのが電圧（本章5節），「単位時間当たり」が関係するのが電流（第1章5節）でしたので，電圧と電流が電力と関係ありそうだということがわかります．以下では，それを確認し，（電力）＝（電圧）×（電流）という関係を導きます（図7-10参照）．

（電圧）×（電流）はいかにして電力になるのか

電圧とは，「2点間を横切って電荷を移動させるときに必要な仕事量を，1クーロン当たりに換算したもの」でした．したがって，2点間の電圧を V とすると，電荷量が Q の電荷をその2点間で移動させたときの仕事量 W は，

$$W = QV$$

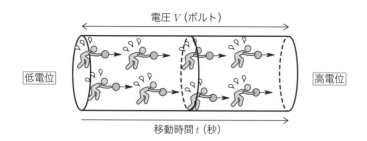

電圧 V（ボルト）

低電位　　　　　　　　　　　　高電位

移動時間 t（秒）

電圧 Vは1クーロン当たりの仕事量

↓

Qクーロン分の仕事量は？

電圧 V（単位：ボルト）
（＝ジュール／クーロン）

仕事量 W（単位：ジュール）
（＝ボルト×クーロン）

$$W = QV$$

Qクーロンが通過する時間が
t秒なら電流は？

電流 I（単位：アンペア）
（＝クーロン／秒）

$$I = \frac{Q}{t}$$

電力（単位時間当たりの仕事量）
を書き換えると VI となる

電力 P（単位：ワット）
（＝ジュール／秒）

$$P = \frac{W}{t} = \frac{QV}{t} = VI$$

図7-10　電圧と電流をかけ算すると，単位時間当たりにした仕事量になる.

となります．この電荷の移動に要する時間を t とすると，単位時間当たりになされた仕事量，つまり電力 P は，前式で表される仕事量を時間 t で割れば求められます．つまり，

$$P = \frac{W}{t} = \frac{QV}{t} = V\frac{Q}{t}$$

となります．

　ここで，Q/t というものが右辺に出てきました．これは，2点間を移動した電荷量 Q を，移動に要した時間 t で割ったものですが，言い換えると，「単位時間当たりに移動した電荷量」となります．どこかで聞いたフレーズですね．そ

うです．これは電流を表しているのです（第1章5節，第5章11節）．したがって，その電流を $I = Q/t$ とすれば，

$$P = VI$$

となります．以上のようにして，電力は電圧と電流のかけ算で表されるということになるのです．

09 電力のゼロと正負

電力について考える際には，電力がゼロのときと，正負の違いについて注意する必要がありますので，本節で少し説明をします．

電力がゼロとは？

電力は電圧と電流の積，つまり $P = VI$ で表されます．電圧と電流の両方がゼロであれば，特に疑問を持つことなく，電力もゼロだと言えると思います．しかし，電圧と電流のどちらか片方だけがゼロになっても，電力はゼロになります．これはどのように説明すればよいでしょうか．結論から言うと，「どちらも仕事をしていないから」となるのですが，もう少し詳しく説明しましょう．

「電圧はあるけれども電流がゼロ」の場合は，図7-11（a）のような端子間に相当します．つまり，2点の端子間が開放されているときです．このときは，電圧だけが存在しており，その2点間に電流が流れていません．移動する電荷がないのですから，そもそも**電荷を動かすという仕事が発生しません**．そのため，電力はゼロとなるのです．これは，高低差だけが存在しており，物体を持ち上げるという仕事をしていない状態に例えられます．

「電流はあるけれども電圧がゼロ」の場合は，同図（b）のような端子間に相当

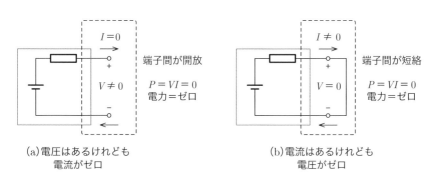

（a）電圧はあるけれども
　　電流がゼロ

（b）電流はあるけれども
　　電圧がゼロ

図7-11　電圧または電流がゼロでなくても，電力はゼロになる．

7

電位，電圧，起電力，電力の再認識

します．つまり，2点の端子間が理想的な抵抗ゼロの導線で短絡されていると
きです．これについては，少し考えなければなりません．通常，2点間に電圧
がなければ電荷は動きませんので，電流はゼロのはずです（※1）．しかし，電
荷が別の場所で速度を得た後にそこにやって来た場合には，2点間の入口で既
に速度を持っています．いったん速度を持った物体は，加速（押す力）や減速（摩
擦）がなければ，その速度で等速運動を続けます．

これと同様に，**減速の原因（つまり原子との衝突）がない理想的な導線の場合
には，加速の原因である電圧がなくても，電流が流れる**ことは可能なのです．
この等速運動の状態が「電流はあるけれども電圧がゼロ」という状態に相当しま
す．このときには，電荷に対して力が何も作用していません．そのため，**動い
てはいますが，仕事量はゼロ**なのです．したがって，電力もゼロとなるのです．

なお，抵抗がゼロの導線はあくまでも空想上の導線です．現実にはこのよう
な状況はあり得ません（※2）．しかし，通常の導線の抵抗は極めて小さく，他
の状況の場合と比べると電力が極めて小さくなります．そのため，一般には，
導線での消費電力をゼロで近似します．

（※1）実は，電圧がないときでも，電荷が全く動いていないというわけではありません．より
厳密には，「電圧による電荷のドリフトはありません」と言わなければなりません．これについ
ては，第9章で詳しく説明します．

（※2）超伝導体と呼ばれる特殊な材料を用いた場合には，温度などの条件を整えると，抵抗が
ゼロになることがわかっています．

電力の正負の意味

$P = VI$ の関係式から，電圧 V と電流 I が両方とも正，または両方とも負の場
合には電力 P が正となり，両者が異符号の場合には電力が負となります．通常
は，**電力が消費されているときを正の電力に対応させ，電力が発電されている
ときを負の電力に対応させます．**

例えば，図7-12（a）に示した電球（抵抗）の電圧と電流の特性においては，第
1象限と第3象限にしか電圧と電流の組み合わせが存在しません．これらの象限
では，電圧と電流の積が必ず正になります．つまり，電球（抵抗）では電力の消
費だけが起こります．

一方，同図（b）は，本書の範囲外となりますが，太陽電池の電圧と電流の特
性です．電圧と電流の関係が電球の場合のような直線ではありませんが，光が

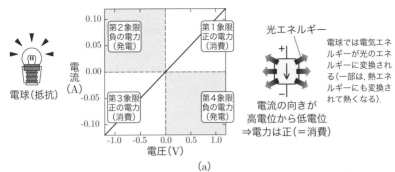

(a)

電球(抵抗)の電圧と電流の組み合わせは，第1象限と第3象限にしかない．
これらの象限では，電力(＝電圧×電流)は正となり，電力の消費だけが起こる．

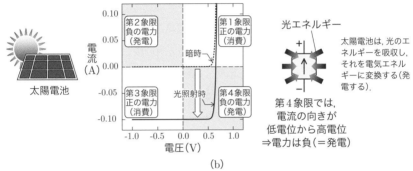

(b)

太陽電池に光を照射すると，電圧と電流の組み合わせが第4象限にも現れる．
この象限では，電力(＝電圧×電流)が負となり，電力の消費ではなく発電が起こる．

図7-12　正の電力は消費．負の電力は発電．

照射されていないときは，破線で示したように第1象限と第3象限（※3）にしか
電圧と電流の組み合わせがありません．この場合には，電圧と電流の積で決ま
る電力（厳密には消費電力）が常に正ですので，太陽電池といえども発電はして
いないということになります．この太陽電池に光が照射されると，光によって
生まれた電流が追加され，電圧と電流の特性が実線で示したように負の電流の
方向にシフトし，第4象限にも電圧と電流の組み合わせが現れます．なぜ負の
方向にシフトするのかについては，半導体工学の知識が必要ですので割愛しま
すが，このシフトによって**電圧と電流の組み合わせが「第4象限に現れる」**とい
うことが，太陽電池などの発電を担う回路素子にとっては**重要**事項となります．

なぜなら，**第4象限では，電圧と電流の積が負(消費電力が負)となりますので，電力を消費しているのではなく，発電している**ということになるからです．

(※3)図7-12(b)の暗時の特性図で電圧が負のときには電流がほぼゼロですが，特性のこの部分を拡大すると極めて小さい負の電流であることがわかっています．電圧が正のときにも電流がほぼゼロの領域がありますが，その部分を拡大すると極めて小さい正の電流であることがわかっています．

豆知識 ## 半導体のpn接合というもの

太陽電池にも様々なタイプがあるのですが，本節で紹介した太陽電池は，異なる電気的性質を持つp型半導体とn型半導体を接合したpn接合という基本構造を用いて製造されています．pn接合の利用目的が太陽電池であれば，その特性図で最も重要な象限は発電が起こる第4象限となります．ここでは，暗時の第1象限と第3象限に着目し，pn接合が持っている発電以外の重要な特徴について説明します．暗時の特性をよく見ると，①正の電圧をかけると電流が流れる，②その逆方向の電圧をかけると電流が流れない，という特徴があります．①の特徴については，「かける電圧がある程度(約0.7 V)以上でないと電流が流れない」というただし書きが必要ですね．①と②の特徴から，暗時のpn接合が電流を一方通行にする性質(整流性)を持っていることがわかります．この性質を持つ回路素子をダイオードといいます．ダイオードは，交流電流を直流電流に変換する回路(整流回路)を中心として幅広く利用されています．例えば，コンセントから出てくる交流電流を直流に変えてスマートフォンの電池を充電しているACアダプターの中で使われています(電圧を 100 V から 5 V に下げる回路素子も一緒に使います)．pn接合をダイオードとして使いたいときには，電流が流れて欲しくないときに光照射で流れてしまうということを避けたいので，通常は光を遮断するパッケージの中に収められています．

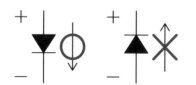

こんな回路図記号を
見かけたら，それが
ダイオード．

図7-13　ダイオード．

第8章

帯電の再認識

Chapter 8

帯電した物体が別の物体に接触すると，その別の物体が帯電したり，中和によって帯電が解消されたりします（第3章6節）．これを接触帯電といいます．第3章や第5章6節で説明した摩擦帯電は，絶縁体で顕著に起こる現象であり，金属ではほとんど起こりません．これに対し，接触帯電は絶縁体でも金属でも起こります．

　フランクリンの時代には，この現象を正の電荷が物体間を移動するというメカニズムで説明していました（第3章6節）．このメカニズムの「電荷が移動する」という考え方は，現在も通用する考え方となっています．

　ただし，移動する電荷の符号と向きについては，「電子」が発見されたことによって修正されました．当初は，実体が定かではない正の電荷が移動していると考えられていましたが，実際には，負の電荷を持つ電子という小さな粒が，当初考えていた正電荷とは逆に移動していたのです（第5章10節）．

　帯電した物体の接触による電子移動のイメージは，第5章10節で説明した通りなのですが，そのときの説明は概念的なものでした．本章では，その概念的イメージを，負の電荷を持つ電子という粒が移動するという原子スケールの具体的なイメージで説明します．本章の説明の際には，これまでに以下の章で説明した物体の原子スケールのイメージ（第5章），電場の概念（第6章），電位や電圧の概念（第7章）を使いますので，忘れてしまった人は復習をしておいてください．

　なお，本章の3節以降で述べる導体（金属）の接触帯電のイメージは，ある物体から別の物体に電子が移動するときのイメージですが，次の第9章で述べる物体（導体）の中を電子が移動する電流のイメージ（これこそが本書で伝えたい「水流モデルを卒業した人が持つべきイメージ」）と密接な関係があります．

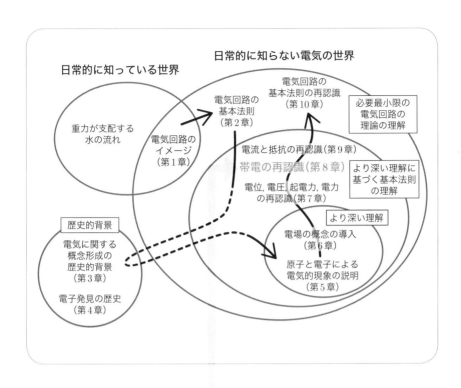

01. 接触帯電の原理

02. 絶縁体の接触帯電

03. 金属の接触帯電

04. 帯電後の金属内部は中性で電場がゼロ

05. 金属の接触帯電の実験

01 接触帯電の原理

　本節では，絶縁体と金属の場合のどちらにも共通する接触帯電の基本原理を，第6章や第7章で説明した**「電子は電位の高い所に行きたがる（電位勾配を転げ上がる）」**というイメージに基づいて説明します．次節以降では，本節で述べた原理に基づいて，絶縁体と金属の場合に分けて接触帯電のイメージを説明します．なお，単純化のために，物体を構成する中性の原子は，価電子（1個とします）とそれ以外の内殻の部分（1価の正イオンに相当します）で構成されているとします（第5章3節参照）．

正に帯電した物体が中性の物体に接触するとき

　図8-1（a）左図のように，中性の物体Aに正に帯電した物体Bが接触する場合を考えます．右図のように，中性の物体Aは，原子（＝価電子＋正イオン）で構成されており，含まれる正と負の電荷は等量です．一方，正に帯電した物体Bには，価電子を失った原子（正イオン）が含まれており，全体として電子の数が不足しています．また，正に帯電した物体Bは中性の物体Aより電位が高くなっています．

　このような物体AとBが接触すると，**「電子は電位の高い所に行きたがる（電位勾配を転げ上がる）」**という原理（第6章5節）に基づいて，物体Aから物体Bに電子が移動し，物体Bの電子の不足分を補充しようとします．すると，物体Aの電子が減りますので，物体Aが正に帯電し，その電位が上昇します．同時に，物体Bの電子が増えますので，物体Bの正の帯電が弱まり，その電位が降下します．両者の電位が一致する（電位差がゼロになる）まで電子が移動すると，それ以上の電子の移動が起こらなくなり，帯電が完了します．

負に帯電した物体が中性の物体に接触するとき

　次に，図8-1（b）左図のように，中性の物体Aに，負に帯電した物体Bが接触する場合を考えます．右図のように，負に帯電した物体Bは中性のときより

○(中性の原子)＝⊕(正イオン)＋⊖(電子)　電位の基準：中性物体の電位を基準(0V)とする.

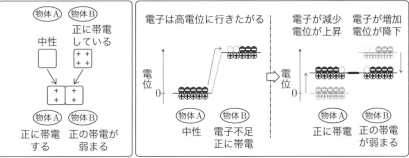

(a) 正に帯電した物体Bとの接触によって，中性の物体Aが正に帯電する場合

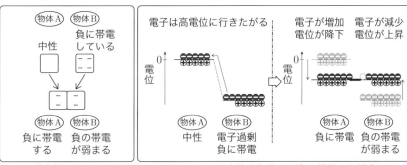

(b) 負に帯電した物体Bとの接触によって，中性の物体Aが負に帯電する場合

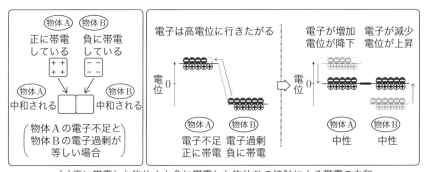

(c) 正に帯電した物体Aと負に帯電した物体Bの接触による帯電の中和

図8-1　接触帯電による電子の移動と電位の変化.

も過剰な電子を持っています．また，負に帯電した物体Bは中性の物体Aより

も電位が低くなっています．

　これらが接触すると，先ほどと同じ「**電子は電位の高い所に行きたがる(電位**

勾配を転げ上がる）」という原理に基づいて，物体Bの過剰な電子が物体Aに移動します．すると，物体Aの電子が増えますので，物体Aが負に帯電し，その電位が降下します．同時に，物体Bの電子が減りますので，物体Bの負の帯電が弱まり，その電位が上昇します．この場合も，両者の電位差がゼロになるまで電子が移動すると，それ以上の電子の移動が起こらなくなり，帯電が完了します．

正と負に帯電した物体の接触と中和

　図8-1（c）左図のように，正に帯電した物体Aと負に帯電した物体Bが接触する場合には，右図のように，物体Bが持つ過剰な電子が物体Aの電子の不足を補います．そのため，それぞれの物体の帯電が弱まります．特に，物体Bで過剰な電子数と物体Aで不足する電子数が同じ場合には，完全な中和が行われ，両者が中性になります．このとき，物体Aの電位は高い電位からゼロへ，物体Bの電位は低い電位からゼロへと変化します．

絶縁体の接触帯電

　接触帯電の原理は前節で説明した通りなのですが，物体が絶縁体か導体かによって，帯電したときの電荷の空間分布が大きく異なります．帯電する物体が絶縁体の場合，電子はすべて原子に束縛されていますので，接触した部分だけに帯電が起こります．以下にその詳細を説明します．

接触帯電で絶縁体が負に帯電するとき

　図8-2のように，負に帯電した物体が中性の物体に接触すると，負に帯電した物体が持つ過剰な電子が中性の物体に移動し，もともと中性であった物体の接触された部分に過剰な電子が追加されます．電子の移動先が絶縁体の場合，その構成原子は，電子を束縛する能力の高い共有結合で互いに結合しています．そのため，上記の移動によって絶縁体に追加された電子は，近くの原子に束縛されます．つまり，**電子が過剰な部分（帯電した部分）は，その場所に固定され，遠方まで広がることがありません**．

接触帯電で絶縁体が正に帯電するとき

　図8-3のように，正に帯電した物体と中性の物体が接触すると，先ほどとは逆に，中性の物体から，正に帯電した物体（電子が不足した物体）に電子が移動します．絶縁体の場合，原子間の共有結合に使われていた電子（束縛されていた電子）が，接触した物体に引き抜かれます．そのため，絶縁体の表面には局所的に正味の電荷が正になった部分ができます．このとき，どこかに自由に動ける電子（自由電子）があれば，自由電子がその部分に移動し，電子がいなくなった部分を埋めます（中性に戻す）．しかし，絶縁体の中には自由電子がありません．そのため，正になった部分はそのまま残ります．つまり，絶縁体が接触によって負に帯電するときと同様に，**正に帯電するときも，帯電した場所は接触した場所に限定されており，遠方まで広がることがありません**．

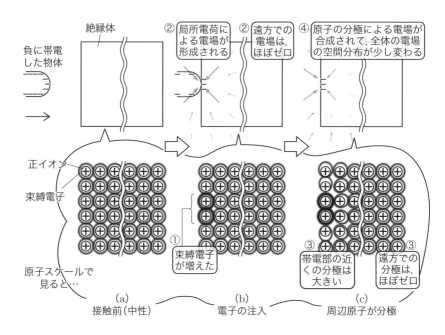

図8-2　絶縁体が負に接触帯電するときのイメージ.

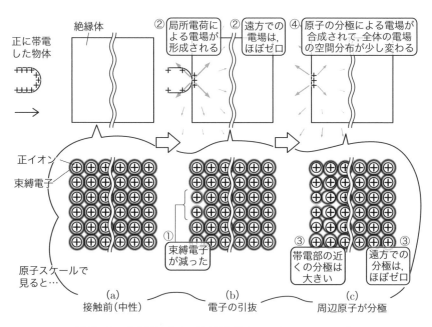

図8-3　絶縁体が正に接触帯電するときのイメージ.

帯電した絶縁体を持ってもビリビリしないのはなぜ？

　以上のように，絶縁体が帯電しても，その場所は固定されたままとなります．そのため，絶縁体の場合には，帯電していないところを持てばビリビリしないわけです．

　なお，絶縁体の一部分が正や負になると，図8-2（c）や図8-3（c）に示したように，帯電部分の周囲に電場が形成されます．この電場によって絶縁体全体の原子が分極し電子の軌道がずれますので，最表面には正味の電荷が生じます（第5章8節）．この正味の電荷によってビリビリしそうな気もします．しかし，帯電した箇所から十分に遠ければ，電場強度が極めて小さくなり，原子の分極も無視できるほど小さいものとなります．つまり，触る所が帯電した所から十分に離れていれば，触ってもわからない程度の電荷しか現れないのです（帯電量が多いときには気をつけてください）．

接触前と接触後の現象の違い

　本節では，帯電した物体が絶縁体に接触する前に起こるある現象の説明が省略されています．その現象とは，第5章8節で説明した誘電分極で，**二つの物体が接触する直前まで誘電分極が起こります**．しかし一旦接触すると，電荷の移動という新たな現象が加わります．そのため，誘電分極とは異なる現象（本節で述べた接触帯電）が進行します．接触直前までの状態と接触後の状態を考えるときには，うまく頭を切り替えるようにしてください．同様のことが，次節の金属の接触帯電の場合にも当てはまります．この場合には，接触する直前まで静電誘導が起こります．

Chapter 8
03 金属の接触帯電

　金属が接触帯電する場合も，前節の絶縁体の場合と同様に，最初に電位差によって電子が移動します．しかし，その後が大きく違います．絶縁体の場合には，束縛電子の過剰や不足によって帯電が起こりますので，帯電が起こる場所が接触した所に限定されていました．一方，金属の場合には，自由に動ける自由電子の過剰や不足によって帯電が生じますので，帯電が起こる場所が金属全体（厳密には表面だけ）に広がります．本節では，その詳細を説明します．

接触帯電で金属が負に帯電するとき

　負に帯電した物体が金属に接触すると，図8-4(a)，(b)に示したように，負に帯電した物体（過剰な電子を持つ物体）から金属に電子が注入されます．電子が注入されて自由電子が増えた部分は，中性のときよりも負電荷が多い状態，つまり負に帯電した状態になります．

　このとき，負に帯電した部分は負の電荷を持つ自由電子を押し出そうとするため，**自由電子の海は「おしくらまんじゅう」で人数が増えたときのようになります**．つまり，同図(c)，(d)のように，自由電子の海の分布が全体的に膨張します．すると，金属表面の自由電子の分布は，同図(d)に示したように，中性のときよりも物体の外側にはみ出ます．はみ出たところ（つまり物体の表面）は，もともと電子のなかったところです．そこに新たな電子が現れたことになりますので，その部分の正味の電荷が負になります．つまり，金属の表面全体が負に帯電した状態になるのです．

接触帯電で金属が正に帯電するとき

　正に帯電した物体が金属に接触すると，図8-5(a)，(b)に示したように，金属の自由電子が，接触してきた物体によって引き抜かれます．自由電子が引き抜かれて自由電子が減少した部分は，中性のときよりも正電荷が多い状態，つ

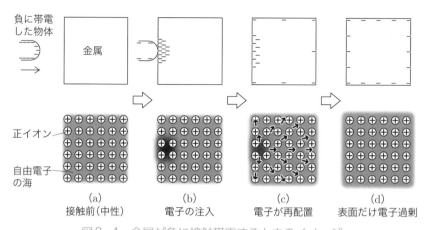

図8-4　金属が負に接触帯電するときのイメージ.
（上段：正味の電荷の分布　下段：正イオンと自由電子の分布）

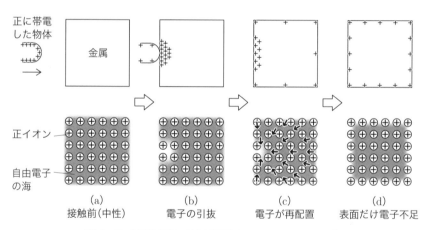

図8-5 金属が正に接触帯電するときのイメージ.
（上段：正味の電荷の分布　下段：正イオンと自由電子の分布）

まり正に帯電した状態になります.

　このとき，正に帯電した部分は負の電荷をもつ自由電子を引き寄せようとするため，**自由電子の海は「おしくらまんじゅう」で人数が減ったときのようになります**. つまり，同図 (c)，(d) のように，自由電子の海の分布が全体的に収縮します. すると，金属表面の自由電子の分布は，同図 (d) に示したように，中

性のときよりも物体の内側に引っ込みます．引っ込んだところ（つまり物体の表面）は，もともと電子があったところですが，正イオンとともに存在していたので中性でした．そこから電子だけがいなくなったわけですから，その部分の正味の電荷が正になります．そのため，金属の表面全体が正に帯電した状態になるのです．

電子の海のずれは原子核の直径程度

　電子は，接触帯電で注入されたものが物体表面の隅々まで移動したり，物体表面の隅々から接触で電子の引き抜きが起こったところまで移動したりするわけではない，ということに注意してください．自由電子の海の膨張や収縮のときには，**金属を構成するすべての自由電子が動きます．と言っても，ほんの少し自由電子の海の分布がずれるだけ**です．実際のずれ幅は，原子核の直径程度（原子の直径の1/100 000程度）ですが，違いがわかるように図では誇張して描いてあります．電子が動く距離が微々たるものですので，金属が帯電するときの自由電子の再配置は一瞬で完了します（第5章7節に関連する説明があります）．

04 帯電後の金属内部は中性で電場がゼロ

　前節の金属の接触帯電では，自由電子が「おしくらまんじゅう」で再配置するという説明をしました．この「おしくらまんじゅう」が起こる原因は，帯電部分に生じた正または負の正味の電荷が形成する電場なのですが，金属の内部については，瞬時に自由電子が再配置することによって電場がゼロになり，電場があるのは金属の外部だけになります．本節ではそのメカニズムを説明します．

金属中の電場はすぐになくなる運命にある

　一般に，図8-6（a）のように，金属中のどこか一カ所が負に帯電したとすると，その部分は中性のときよりも自由電子が過剰になります（正イオンよりも自由電子の方が多い）．このとき，帯電した部分を中心とした電場が形成されますが，この電場にはそこから自由電子を押し出す作用があります．つまり，**金属が帯電した瞬間に形成される電場は，その場にある過剰な自由電子を追い出して中和する**作用，言い換えると，自身（＝電場）をなくしてしまおうとするのです．

　上記の理屈は，同図（b）に示した正に帯電したときも同様です．この場合，帯電した部分では，自由電子が中性のときよりも不足しています（正イオンよりも自由電子の方が少ない）．一方，**帯電によって形成される電場は，帯電した部分に自由電子を引き寄せる**作用があります．つまり，この場合の電場も，その場にある自由電子の不足を補って中和し，自身（＝電場）をなくしてしまおうとするのです．

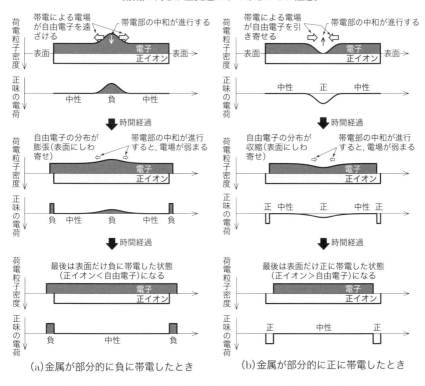

注）⇦ ⇨はクーロン力の向きを表す. 電場の向きはこの矢印と逆となる.
（縦軸の向きが正負逆にしてあることに注意）

(a)金属が部分的に負に帯電したとき　　(b)金属が部分的に正に帯電したとき

図8-6　金属中の部分的帯電が表面帯電に遷移する様子.

金属の帯電の再確認

　前節で説明した金属の帯電を先述の視点で再確認してみましょう. 図8-7と図8-8は，それぞれ負と正に帯電するときの様子を電場も含めて図示したものです. どちらの場合も，部分的な帯電によって電場が形成されますが，先述の理屈で金属内部の自由電子が再配置することによって，金属内部の電場が弱まっていきます. そして，**最後には金属内部の電場はゼロになり，電場があるのは金属の外部だけ**となります.

　なお，前節の注釈で述べた通り，この現象は一瞬で終わります. つまり，**金属内部に電場があるのは，帯電直後のほんの一瞬だけ**なのです. しかし，実は，

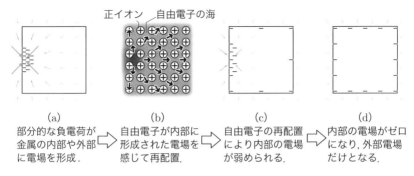

(a) 部分的な負電荷が金属の内部や外部に電場を形成.

(b) 自由電子が内部に形成された電場を感じて再配置.

(c) 自由電子の再配置により内部の電場が弱められる.

(d) 内部の電場がゼロになり,外部電場だけとなる.

図8-7　金属が帯電すると一時的に電場が形成されるが,
自由電子の再配置によって内部の電場がすぐにゼロになり,
金属外部の電場だけが残る（負に帯電する場合）.

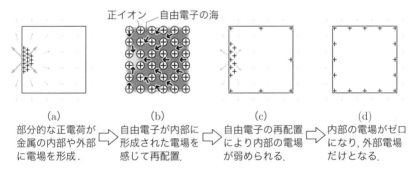

(a) 部分的な正電荷が金属の内部や外部に電場を形成.

(b) 自由電子が内部に形成された電場を感じて再配置.

(c) 自由電子の再配置により内部の電場が弱められる.

(d) 内部の電場がゼロになり,外部電場だけとなる.

図8-8　金属が帯電すると一時的に電場が形成されるが,
自由電子の再配置によって内部の電場がすぐにゼロになり,
金属外部の電場だけが残る（正に帯電する場合）.

金属の中を電流が流れているときには，この一瞬の出来事がずっと続いている
状態になっているのです．これについては，第9章で詳しく説明します．

05 金属の接触帯電の実験

　本章の3〜4節では，金属が帯電した物体と接触したときの金属内の状況を説明しました．その中で重要なことは，金属が帯電するときには，接触したところだけが帯電するのではなく，金属全体が帯電するということでした（ただし，正味の電荷があるのは表面だけ）．本節では，3〜4節の概念の復習も兼ねて，金属が帯電するときには，帯電の影響が金属全体に一瞬にして広がるということを示す実験とその結果について説明します．

検電器

　この実験のために，図8-9に示した箔検電器というものを使いますので，その説明をまずしておきます．箔検電器の機能は，球状の上部電極に「何か」を接触させたときに，その「何か」が帯電しているかどうかを，金属電極の下部にぶら下がっている金属箔の開き具合で調べる道具です．箔検電器の金属部分（上部電極から金属箔までの部分）が何らかの原因で帯電すると，**二枚の金属箔が同種電荷で帯電しますので，反発力によって金属箔が開く**ことを利用しています．

接触帯電の様子

　図8-9(a) は，箔検電器の上部電極に摩擦帯電で正に帯電したガラス棒を接触させたときの様子です．ガラス棒が上部電極に接触すると，金属棒の下にぶら下げてある**金属箔が，接触点から離れているにもかかわらず瞬時に開きます**．これは，帯電体との接触によって，金属全体が瞬時に正に帯電したことを示しています．アルミホイルなどでも簡単に作れる装置ですので，気になる人は，是非自身で作ってみてください．なお，上記の説明のときに，少し省略したことがあります．それは，ガラス棒が接近したときには，接触前に静電誘導（第5章7節）が起こるということです．以下では，それについて補足説明をしておきます．

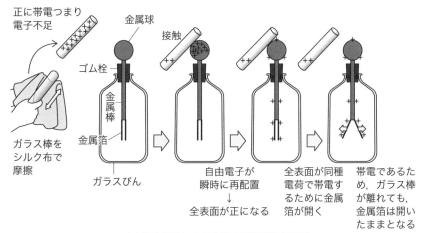

（a）箔検電器による金属の接触帯電の実験
（接触の直前に起こる静電誘導はこの図では省略してある）

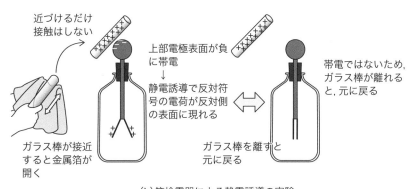

（b）箔検電器による静電誘導の実験

図8-9　箔検電器による接触帯電と静電誘導の実験.

接触帯電の直前は静電誘導が起こる

　帯電した物体が金属に接触する前には，接触はしていないけれども，ものすごく近い，という状況が必ずあります．このときには，第5章7節で説明した静電誘導が起こることになります．その様子を図8-9（b）に示しました．正に帯電したガラス棒を箔検電器の上部金属に近づけると，金属中の自由電子がガラス棒の方に引き寄せられます．このため，金属電極の上部表面近傍の正味の電

荷が負になります．すると，静電誘導の原理により，ガラス棒が接近してきた所と反対側の金属表面近傍では，逆符号の正味の電荷となります．つまり，この場合には，金属棒にぶら下がっている金属箔の正味の電荷が正になります．そのため，ガラス棒を接近させるだけで金属箔が開くのです．

　この現象は，ガラス棒を遠ざけると起こらなくなります．つまり，金属箔が再び平行に垂れ下がった状態に戻ります．これは，静電誘導が帯電ではないからです．正味の電荷が正や負になった領域が両端にできますが，その原因は自由電子の分布がずれただけであり，自由電子の個数は中性のときと変わっていません．そのため，ずれの原因であったガラス棒が遠ざかると，再び元に戻るのです．

電流と抵抗の再認識

Chapter 9

第7章では，主として「高い／低い」が関係する概念や現象を，電場が電荷に及ぼす作用や原子スケールのミクロな視点に基づいて再認識をしてもらいました．本章では，「電流」や「抵抗」という，「流れ」が関係する概念や現象を，同様の視点で再認識してもらいます．

　第1章や第2章の電気回路の説明では，スイッチが切れており電流が流れていない状態か，もしくはスイッチが入った後の電流が流れ続けている状態のどちらかの説明しかしていませんでした．また，電流が流れているときに，電子がどのように運動しているのかも具体的なイメージを示さずに説明していました．

　本章では，まず，第8章で説明した接触帯電のイメージをもとにして，回路のスイッチを入れた瞬間はどうなるのかについて説明します．次に，スイッチを入れてから十分に時間が経った後の回路において，電流が流れている導線の中を見たとしたらどのように見えるのかについて説明します．最後に，そうした現象が目に見える現象（電球が光る／電熱線が熱くなる）とどのような関係にあるのかということを説明します．

　なお，本章では，これまでに説明した第5章から第8章までのイメージを総動員して説明しますので，忘れてしまった人は，もう一度復習をしておいてください．

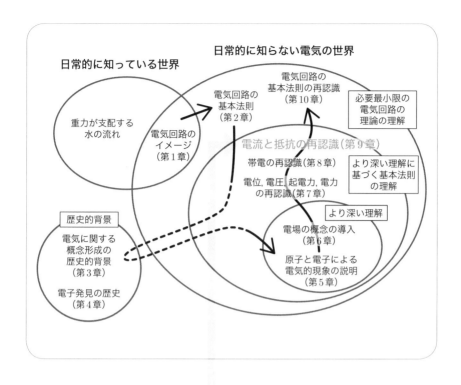

日常的に知らない電気の世界

日常的に知っている世界

重力が支配する
水の流れ

電気回路の
イメージ
（第1章）

電気回路の
基本法則
（第2章）

電気回路の
基本法則の再認識
（第10章）

必要最小限の
電気回路の
理論の理解

電流と抵抗の再認識（第9章）

帯電の再認識（第8章）

電位, 電圧, 起電力, 電力
の再認識（第7章）

より深い理解に
基づく基本法則
の理解

より深い理解

歴史的背景

電気に関する
概念形成の
歴史的背景
（第3章）

電子発見の歴史
（第4章）

電場の概念の導入
（第6章）

原子と電子による
電気的現象の説明
（第5章）

01. 回路が断線していると電流は流れないのか？

02. 閉路を形成するとなぜ電流が流れるのか？

03. 電流ゼロでも自由電子は高速で動いている！？

04. 電流のイメージ「じわじわ」「ずれる」

05. 自由電子のドリフト速度はなぜ一定？

06. 電流の再確認と電流密度という概念の導入

07. 抵抗の大小は何で決まる？

08. 導線の寸法による抵抗の違いの正しい理解

09. 抵抗と抵抗率／コンダクタンスと導電率

10. 電熱線はなぜ熱くなる？

11. 電球はなぜ光る？

12. 電子は電場の号令で一斉に動く

01 回路が断線していると電流は流れないのか?

　第1章で紹介した簡単な電気回路では,「断線していると電流は流れない」と言いましたが, 厳密には「断線していると定常電流は流れない」と言わなければなりません. 定常電流とは, ずっと流れ続ける電流のことです. つまり, 断線している電気回路には一瞬だけ電流が流れますが, すぐに止まるのです. 本節では, 図9-1と金属の接触帯電の原理 (第8章3節, 4節) に基づいて, そのメカニズムを説明します.

断線した回路にも電流は流れる (でも一瞬だけ)

　図9-1 (a) は接触前の電池と導線の状態です. 電池と導線が接続されると, 同図 (b) → (c) → (d) のように状態が遷移します (※). 正極側では, 導線の自由電子が電池のベルトコンベア作用 (第7章7節) によって引き抜かれ, 接触面近傍の正味の電荷が正 (電位が正) になります. 正の所は電子を引き寄せる電場を周囲に形成しますので, 接触面よりも右側の自由電子が接触面側に寄ってきます. 一方, 負極側では, 先ほど引き抜いた電子が導線に注入され, 接触面近傍の正味の電荷が負 (電位が負) になります. 負の所は電子を遠ざける電場を周囲に形成しますので, 接触面よりも左側の自由電子が接触面から離れていきます.

　以上のように, 電池を接続した直後は, 金属中の自由電子の分布に偏りが生じ, それが原因となって電場が形成され, その電場によってさらなる自由電子の分布の変化が起こります. つまり, 自由電子が流れている, 言い換えると, 電流が流れているのです. ただし, 次に述べるように, 電流を止めようとする作用が同時に増加してきます. そのため, 接触直後の電流は一瞬でなくなります.

(※) 電池の中の電位の空間分布について
　電池の正極と負極の間の電位の空間分布は, 実際には図9-1で示したような単純な直線では表すことができません. 本節の図9-1や次節の図9-2の中で描かれている電池の中の電位の空間分布は, 正極と負極の間に起電力に相当する電位差 (と電位勾配) があるという最も重要な性質だけに注目し, それを単純化した分布となっています.

電流は一瞬でなくなる

　電池と導線を接続すると，もう一つのことが同時に進行します．それは，金属表面の帯電です（第8章3節，4節）．正極側では，電池によって金属の自由電子が引き抜かれるため，金属表面全体が正に帯電してきます（電位が全体的に正になる）．すると，さらに電子を引き抜こうとしたときに，引き戻す力（クーロン引力）が強くなってきます．また，負極側では，電池によって金属に自由電子が注入されるため，金属表面全体が負に帯電してきます（電位が全体的に負になる）．すると，さらに注入しようとしたときに，押し戻す力（クーロン反発力）が強くなってきます．したがって，電池による自由電子の引き抜きと注入は，それに対抗するクーロン力（帯電による）の作用とつり合った時点で止まります．

　以上のことから，**断線した回路の電流を厳密に表現すると，「実は，一瞬だけ流れてすぐに止まります」となる**のです．なお，この「一瞬」は，数十センチの導線の場合，ナノ（10^{-9}）秒程度であることがわかっています．

　断線した導線中の電流がなくなったときのように，ある力とそれに対抗する力がつり合った状態を平衡状態といいます．これに対し，導線が電池と接触した直後のように，つり合いがとれていない状態（つまり，力の差によって自由電子がどちらかに動く状態）を非平衡状態といいます．**断線しているときには，非平衡状態は一瞬で終わりますが，閉路を形成した導線中を電流が流れているときには，実はこの非平衡状態がずっと維持されている**のです．これについては次節で説明します．

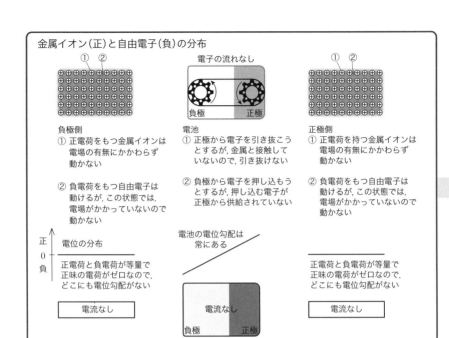

(a)接触前

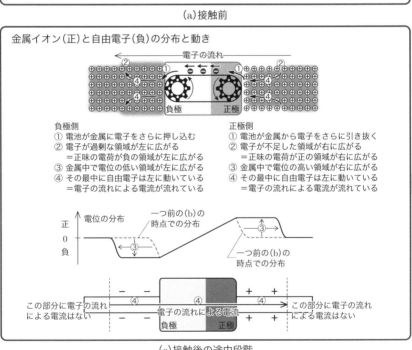

(c)接触後の途中段階

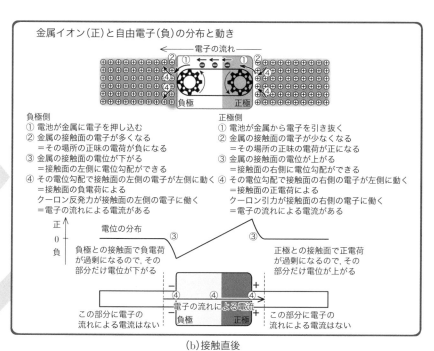

金属イオン（正）と自由電子（負）の分布と動き

電子の流れ

負極側
① 電池が金属に電子を押し込む
② 金属の接触面の電子が多くなる
　＝その場所の正味の電荷が負になる
③ 金属の接触面の電位が下がる
　＝接触面の左側に電位勾配ができる
④ その電位勾配で接触面の左側の電子が左側に動く
　＝接触面の負電荷による
　クーロン反発力が接触面の左側の電子に働く
　＝電子の流れによる電流がある

正極側
① 電池が金属から電子を引き抜く
② 金属の接触面の電子が少なくなる
　＝その場所の正味の電荷が正になる
③ 金属の接触面の電位が上がる
　＝接触面の右側に電位勾配ができる
④ その電位勾配で接触面の右側の電子が左側に動く
　＝接触面の正電荷による
　クーロン引力が接触面の右側の電子に働く
　＝電子の流れによる電流がある

電位の分布

負極との接触面で負電荷が過剰になるので，その部分だけ電位が下がる

正極との接触面で正電荷が過剰になるので，その部分だけ電位が上がる

この部分に電子の流れによる電流はない

電子の流れによる電流

この部分に電子の流れによる電流はない

(b)接触直後

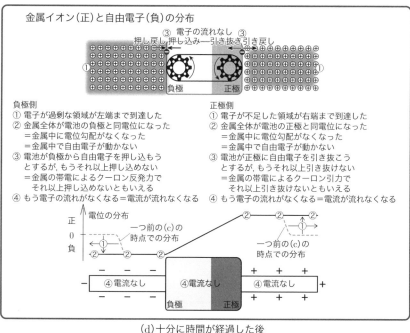

金属イオン（正）と自由電子（負）の分布

③ 電子の流れなし ③
押し戻し 押し込み ― 引き抜き 引き戻し

負極側
① 電子が過剰な領域が左端まで到達した
② 金属全体が電池の負極と同電位になった
　＝金属中に電位勾配がなくなった
　＝金属中で自由電子が動かない
③ 電池が負極から自由電子を押し込もうとするが，もうそれ以上押し込めない
　＝金属の帯電によるクーロン反発力でそれ以上押し込めないともいえる
④ もう電子の流れがなくなる＝電流が流れなくなる

正極側
① 電子が不足した領域が右端まで到達した
② 金属全体が電池の正極と同電位になった
　＝金属中に電位勾配がなくなった
　＝金属中で自由電子が動かない
③ 電池が正極に自由電子を引き抜こうとするが，もうそれ以上引き抜けない
　＝金属の帯電によるクーロン引力でそれ以上引き抜けないともいえる
④ もう電子の流れがなくなる＝電流が流れなくなる

電位の分布

一つ前の(c)の時点での分布

一つ前の(c)の時点での分布

④電流なし　④電流なし　④電流なし

(d)十分に時間が経過した後

図9-1　電池に導線を接続したときの様子（断線した回路）.

02 閉路を形成すると
なぜ電流が流れるのか?

　電池に導線を接続したときに，断線していると定常電流が流れず，閉路を形成すると定常電流が流れます（ずっと流れ続ける）．断線時に定常電流が流れない理由は，前節で説明しましたので，本節では，閉路を形成したときになぜ定常電流が流れるのかを説明します．結論から言うと，「電池による自由電子の注入と引き抜きを継続できるから」なのですが，もう少し詳しく説明しましょう．

閉路を形成したときの自由電子の出入り

　図9-2(a)，(b)は，閉路を形成した導線を電池に接続したときの様子を表しています．説明しやすくするために閉路を切り開いて描いてあります．つまり，左端の正極と右端の負極は，同じ電池の正極と負極であると考えてください．

　前節で述べたように，断線した導線が電池と接触したときには，導線が正または負に帯電する瞬間だけ電流が流れますが，定常的には流れません．これは，電池の正極における自由電子の引き抜きと，負極における自由電子の注入のどちらか片方だけしか起こらず，電流が流れ続けようとするのを阻止するような帯電現象がそれぞれの導線で起こるからです．

　一方，閉路の場合には，同じ導線の両端で引き抜きと注入が同時に起こるため，導線はいつまでたっても帯電しません．つまり，流れ続けようとするのを阻止する要因がなくなるわけです．ただし，定常電流が流れるためには導線の中に電場が必要です．帯電していないのにどうやって導線の中に電場が形成されるのでしょうか．以下ではそのメカニズムを説明します．

表面電荷の偏りが形成する電場による自由電子の流れ

　先述のように，閉路を形成した導線は帯電しません．しかし，自由電子の注入と引き抜きが継続的に両端で行われることによって，自由電子の分布に偏りが生じます．引き抜きが起こる正極の近くでは自由電子数が少なくなり，注入

が起こる負極の近くでは自由電子数が多くなります．ここで，第8章3節，4節の「おしくらまんじゅう」を思い出してください．

　図9-2 (c) に示すように，引き抜きで電子数が減少した正極付近では，自由電子の分布が「しぼんだ」状態になります．注入で電子数が増加した負極付近では，自由電子の分布が「膨らんだ」状態になります．その結果，導線の表面では，正味の電荷が，正極から負極に向かって，徐々に正から負に遷移することになります．このような表面電荷の分布になると，同図 (d) に示すように，導線の中に正極から負極に向かう均一な電場（＝同図 (c) の電位勾配）が形成されるのです．つまり，**導線は全体としては帯電していませんが，導線の表面電荷分布が偏ることで内部に電場を形成する**のです．帯電の場合と同様に，電池と導線が接触してからこの状態になるまでの時間は一瞬です（数十センチ程度の導線の場合で，ナノ秒程度）．

　しばしば，**「導線 (導体) の中には電場はない」という説明を目にしますが，これは，電荷分布が平衡状態である場合という条件つき**なのです．注入と引き抜きが常に起こっている状態は，非平衡状態がずっと続いている状態に相当し，表面電荷分布の偏りによって，導体中であっても電場が形成されるのです．

9
電流と抵抗の再認識

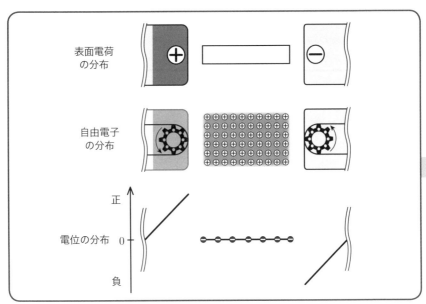

（a）閉路接続前の状態

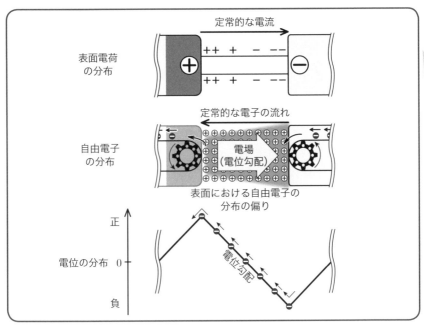

（c）閉路接続後の定常状態

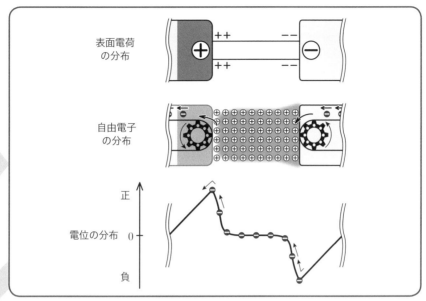

表面電荷
の分布

自由電子
の分布

電位の分布

正

0

負

(b)閉路接続直後の状態

正極側から負極側に向かい, 徐々に正から
負に遷移する表面電荷の分布の偏りが, 導
線の内部に電場を形成する. 偏りのない均
一な表面電荷(単なる帯電)の場合には, 導
線内部に電場は形成されない.

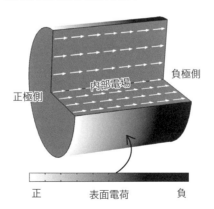

内部電場

正極側

負極側

正　　　　　表面電荷　　　　　負

(d)表面電荷分布の偏りが形成する
導線内部の電場

図9-2　閉路を形成すると電流が流れるのは非平衡状態が維持されるから.

03 電流ゼロでも自由電子は高速で動いている!?

　本節では，「実は，電流がゼロのときであっても，自由電子は，導体を構成する原子と何度も衝突しながら，1 500 km/sという超高速でランダムに動き回っているのです」という説明をします．

自由電子は常に超高速で動いている

　図9-3(a)に示すように，電圧がかかっていない導体の中では，電流は流れていません．流れがないのですから，同図(b)のように電流の担い手である自由電子は静止していると思ってしまうかもしれません．

　これまでは，自由電子が動く原因として，電圧がかかることによって作用するクーロン力しか考えていませんでした．しかし実は，クーロン力が作用していないときでも，自由電子は静止しているわけではなく，方向性のないランダムな運動をしているのです．この**ランダムで「はちゃめちゃ」な運動を熱運動といい，その速度を熱速度といいます**．

　熱速度は，温度が高いほど速くなります（運動が激しくなる）．通常の室温（27℃程度）における自由電子の熱速度がどれくらいかを計算すると，なんと1 500 km/sという超高速なのです（熱速度を理論的に導出するためには，高度な固体物理学や気体分子運動論の知識が必要となります）．

　なお，導体の中には多数のイオン化した原子が存在していますので（第5章5節），超高速で動き回っている自由電子は，図9-3(c)のように，原子と衝突しながら運動していることになります．

荷電粒子が動いているのになぜ電流はゼロ？

　自由電子が超高速で動き回っているにも関わらず電流がゼロになるのはなぜでしょうか．それは，熱速度がランダムで方向性がないからです．つまり，自由電子は，あるときにある方向に走ったとしても，いつかどこかでその逆向きに走るときが必ずあり，平均するとどちら向きにも走っていないということに

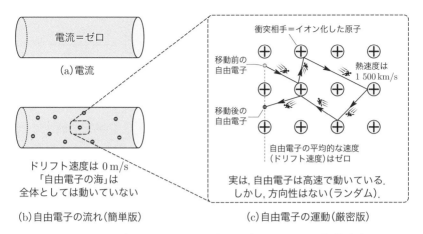

（a）電流＝ゼロ

（b）自由電子の流れ（簡単版）

ドリフト速度は 0 m/s
「自由電子の海」は
全体としては動いていない

衝突相手＝イオン化した原子

移動前の
自由電子

熱速度は
1 500 km/s

移動後の
自由電子

自由電子の平均的な速度
（ドリフト速度）はゼロ

実は，自由電子は高速で動いている．
しかし，方向性はない（ランダム）．

（c）自由電子の運動（厳密版）

図9-3　電圧がかかっていない（電流が流れていない）導体中の
電流や自由電子のイメージ.

なるのです．そのため，**向きを考慮すると，熱速度の平均値はゼロ**になってしまうのです．

　では，なぜ熱速度は方向性がなくランダムなのでしょうか．それは，温度が高くなって速度が増えるときに（熱エネルギーが運動エネルギーに変換されるときに），どの方向の運動にも同じ比率でエネルギーが分配されるからです（これについては熱力学の知識が必要になります）．

　なお，図9-3(c)に示したように，自由電子が導体の中のイオン化した原子と衝突するという現象も，自由電子の速度の方向性がランダムになる原因の一つとなっています．というのは，原子も温度が高くなると動くからなのです．ただし，電子ほど「はちゃめちゃ」に動くわけではなく，もともと居る場所を中心として振動するだけです．それでも，衝突する自由電子にとっては，常に同じような衝突のしかたができなくなりますので，自由電子の速度の方向をランダムにしてしまうのです．

電圧がかかるとどうなるのか？

　本節では，電圧が（あるいは電場が）かかっていない状態のイメージを説明しました．では，電圧がかかるとどうなるのでしょうか．次節では，そのイメージについて説明します．

電流のイメージ
「じわじわ」「ずれる」

　導体中の自由電子は，電圧がかかっていなくても，超高速の熱速度でランダムに動き回っているということがわかりました．そのような導体に電圧がかかって，電流が流れているときのイメージはどうなるのでしょうか．

電流は自由電子のドリフト

　導体に電圧がかかったときに流れる電流のイメージは，図9-4の (a) や (b) のようなイメージでした．電流の担い手が正電荷であると考えていたときには，同図 (a) のように，正電荷が正から負の方向に整然と流れるというイメージでした．電流の担い手が負電荷を持つ自由電子であるということが発見された後は，同図 (b) のように，自由電子が逆向きに (負から正の方向に) 流れるというイメージになりました．以下では，このイメージに電子が超高速の熱速度でランダムに動いているということを加味した，より厳密なイメージについて説明します．

　導体に電圧がかかると，導体中の自由電子には導体内の電場が原因となってクーロン力が作用します．そのため，自由電子の速度は，ランダムな熱速度と，電位の高い方に向かう方向性をもった速度を合成したものとなります．このときの自由電子の動きを厳密に考えると，前節の図9-3 (c) のように直線的に動くのではなく，図9-4 (c) のように徐々に電位の高い方にずれた放物線的な軌道を描いて動きます．**自由電子は，「はちゃめちゃ」に動きつつも，全体としては正の方に「じわじわ」と「ずれる」わけです．このように「ずれる」動きをドリフトといい，それが電流**なのです．実際に起こっていることは，図9-4の (a) や (b) のような当初のイメージとずいぶん違うのです．

　なお，ドリフトのずれの速度をドリフト速度といいます．ドリフト速度は，クーロン力による方向性を持った速度で，クーロン力の原因である電場の強度に比例した速度になることがわかっています．その詳細については，次節で詳しく説明します．

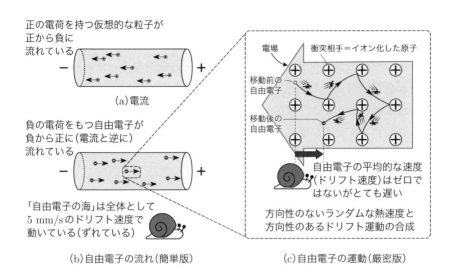

正の電荷を持つ仮想的な粒子が
正から負に
流れている

(a)電流

負の電荷をもつ自由電子が
負から正に(電流と逆に)
流れている

「自由電子の海」は全体として
5 mm/sのドリフト速度で
動いている(ずれている)

(b)自由電子の流れ(簡単版)

電場

衝突相手＝イオン化した原子

移動前の
自由電子

移動後の
自由電子

自由電子の平均的な速度
(ドリフト速度)はゼロで
はないがとても遅い

方向性のないランダムな熱速度と
方向性のあるドリフト運動の合成

(c)自由電子の運動(厳密版)

図9-4　電圧がかかっている(電流が流れている)導体中の電流や
自由電子のイメージ.

ドリフト運動はカタツムリのように「じわじわ」

　「じわじわとしたずれ」の速度，すなわちドリフト速度は，具体的にはどれく
らいなのでしょうか．例えば，1 mの銅の導線に1 Vの電圧をかけたときの自由
電子のドリフト速度は，なんと約5 mm/sという超低速なのです．つまり，**ドリ
フト速度は，カタツムリが這うぐらいの速度しかない**のです．ランダムな熱速
度が1 500 km/sでしたから，仮に図9-4(c)のように熱速度を考慮して厳密に
絵を描こうとしても，電子の軌跡のずれは，この絵のスケールでは表すことが
できない小さいものになります．ですので，同図はかなり誇張して描いてある
と思ってください．

以上の説明をまとめると，次のようになります．

> 　ランダムな熱速度に，クーロン力による方向性を持ったドリフト速度が合成される．ただし，ドリフト速度はカタツムリが這う程度の超低速である．つまり，「はちゃめちゃ」に動いているようで，よく見るとじわじわとずれているというイメージになる．このずれが電流である．

今までの絵は間違い？

　では当初考えていた電流のイメージ（図9-4の（a）や（b））は，全くの間違いなのでしょうか．その答えは，「図中の矢印がドリフト速度だけを意味するのなら，間違いではないですよ」となります．つまり，**「単純化のために熱速度を無視して，ドリフト速度だけを描いている**のだ」と思ってください．自分で電子の流れを考えるときにも，「実際には違うのだけれど，熱速度は無視している」という意識を持つとよいと思います．

05 自由電子のドリフト速度は なぜ一定?

　前節では，自由電子のドリフト速度が作用する電場強度に比例した速度になると言いました．これは，電場強度が一定であれば（言い換えると，クーロン力が一定であれば），自由電子の速度が一定になることを意味します．しかし，単純に力が作用するだけでは加速し続けます．なぜ，導線の中の自由電子のドリフト速度は一定になるのでしょうか．

ドリフトは電場による加速と，原子との衝突による減速の繰り返し

　ニュートンの運動方程式から，質量 m の物体に力 F が作用すると，物体は $a = F/m$ という加速度で加速されます．電場の中の自由電子にはクーロン力が作用しますので，自由電子は加速されることになります．しかし，加速だけでは永久に速度が増え続けてしまい，一定にはなりません．なぜドリフト速度は一定になるのでしょうか．それは，クーロン力による加速だけではなく，原子（厳密には正イオン（第5章5節））との衝突による減速があるからなのです．

　一つの自由電子の速度（電場方向の）の時間変化は，図9-5（a）のようになります．電場が一定（つまりクーロン力も一定）であれば，衝突と衝突の間の時間帯では，自由電子の速度は時間とともに増加します（つまり，加速されます）．一方，自由電子がある時刻で原子と衝突すると，その速度が急激に減少します．同図では，話を単純化するために，衝突で速度がゼロになるとしています．自由電子は，こうした加速と減速を繰り返すことで，平均的に一定の速度になっています．この平均速度がドリフト速度なのです．

ドリフト速度は電場強度と衝突頻度で決まる

　一般に，衝突と衝突の間の時間間隔は一定ではありませんので，平均値を求めるのは容易ではありません．そこで，衝突の時間間隔が一定だと仮定し，図9-5（b）のように話を単純化します．これならば，速度の平均値を出すのが比

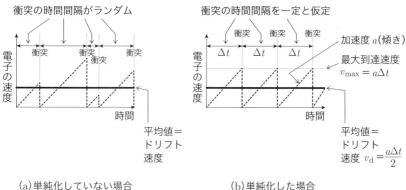

図9-5 自由電子の速度の時間変化.
電場による加速と衝突による減速を繰り返す.

較的簡単になり，平均値が最高到達速度 v_{max} の半分（$v_{max}/2$）と求められます．以下では，このことに基づいて，ドリフト速度を決めている要因について考えます．

　加速度を a，衝突の時間間隔を Δt とすると，加速され続ける時間が Δt ということですから，自由電子の最高到達速度は $v_{max} = a\Delta t$ となります．したがって，ドリフト速度は $v_d = v_{max}/2 = a\Delta t/2$ となります（※）．加速度 a は，ニュートンの運動方程式から，力と質量を用いて $a = F/m$ と表されます．このときの力 F は電場によるクーロン力ですので，自由電子の電荷量を $-q_0$（負の電荷素量）とすると，$F = -q_0 E$ となります（第6章2節）．この F を $a = F/m$ に代入すると，$a = -q_0 E/m$ となります．したがって，ドリフト速度 $v_d = a\Delta t/2$ は以下のようになります．

$$v_d = -\frac{q_0 \Delta t}{2m} E = -\mu_e E$$

　これでドリフト速度が電場強度に比例することがわかります．なお，上式の中の負号は，自由電子の速度の方向が電場の方向と逆になることを意味しています．比例係数の，

$$\mu_e = \frac{q_0 \Delta t}{2m}$$

は，その物質の中を走る自由電子の走りやすさ，つまり電流の流れやすさを表し，**移動度**と呼ばれています．移動度の式の中にΔtがありますので，**衝突の時間間隔が自由電子の走りやすさ（電流の流れやすさ）を決めている**ことがわかります．つまり，自由電子の衝突相手である原子の直径，配列のしかた，間隔が，電流の流れやすさを左右しているのです．こうしたイメージは，原子を組み合わせて新規導線材料を開発するときには，必須のイメージとなります．

（※）本節の説明では，ある1個の自由電子の衝突時間間隔が同じであると仮定し，その自由電子のドリフト速度を計算しています．しかし，実際の自由電子の衝突時間間隔はランダムで，かつ他にも多くの自由電子がいます．電子が1個しかいなければ，Δtの代わりにランダムな衝突時間間隔の平均値を代入することで，その自由電子のドリフト速度の平均値を計算できます．一方，多数の自由電子が存在する場合には，衝突の時間間隔が長い（つまり速度が大きくなる）自由電子ほど存在比率が指数関数的に少なくなることがわかっています．ですので，多数の自由電子の集合体としてのドリフト速度（の平均値）を求めるときには，その速度を持った自由電子の存在比率も考慮して平均値を計算する必要があります．詳細は割愛しますが，そうしたことも考慮して計算した自由電子の集合体としてのドリフト速度は，「1/2」という因子が消えて，$v_d = a\tau$ となります（τ（タウ）は全自由電子のランダムな衝突時間間隔の平均値です）．

06 電流の再確認と電流密度 という概念の導入

電流とは，単位時間当たりに断面を通過する電荷量でした（第1章5節）．本節では，この概念に基づいて電流を数式で表すと，どのような式になるのかを説明します．本節で導かれる電流の式は，次節で抵抗の性質について理解するための土台となります．

電流を表す式の求め方

以下では，電流の定義「電流とは単位時間当たりに断面を通過する電荷量である」ということを，図9-6を見ながら考えます．

導体の断面を単位時間当たりに通過する自由電子の個数がわかれば，その自由電子の個数に自由電子1個当たりの電荷量$-q_0$をかけたものが通過した電荷量になります．つまり，ある時間Δtが経過したときに，同図の円柱の断面Sを通過する自由電子の個数から通過した電荷量を求め，それをΔtで割ったものが電流になります．

時刻$t = 0$秒から$t = \Delta t$秒までの間に断面を通過した自由電子の個数は，自由電子の速度がわかっていると，次のようにして求められます．速度がv_dですから，時刻$t = 0$のときに$x = 0$の位置にある断面Sを通過した自由電子は，時刻$t = \Delta t$において$x = L = v_\mathrm{d}\Delta t$まで移動しています．一方，それより後の時刻に断面$S$を通過した自由電子は，$x = L$よりも後方にいます．したがって，$t = 0$から$t = \Delta t$の間に断面$S$を通過した自由電子は，すべて$x = 0$から$x = L$までの間に入っていることになります．ということは，断面積がSで，長さがLの円柱の中の自由電子の個数を調べれば，$t = 0$から$t = \Delta t$の間に断面Sを通過した自由電子の個数がわかります．

円柱の体積は$V = LS = v_\mathrm{d}\Delta t S$です．単位体積当たりの自由電子の密度は$n_\mathrm{e}$です．円柱の中の自由電子の個数は，（密度）×（体積）で与えられます．したがって，円柱の中の自由電子の個数は，$n_\mathrm{e}V = n_\mathrm{e}v_\mathrm{d}\Delta t S$となります．これが時間$\Delta t$の間に断面$S$を通過した自由電子の個数となります．単位時間当たりに通過し

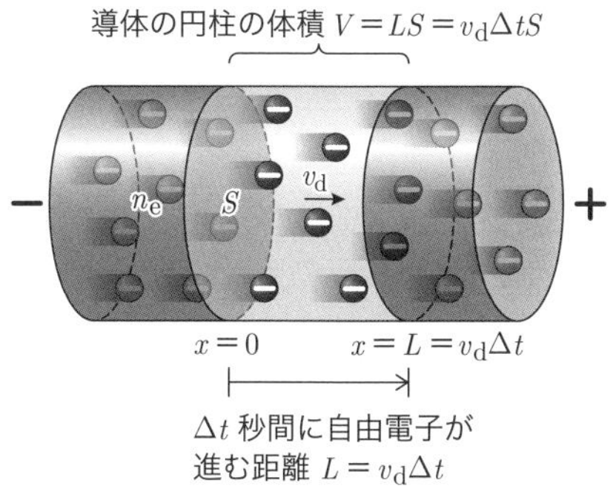

導体の円柱の体積 $V = LS = v_\mathrm{d}\Delta t S$

Δt 秒間に断面 S を通過した自由電子は体積 $V = LS = v_\mathrm{d}\Delta t S$ の円柱の中に存在している.

その個数 ΔN_e は (密度) × (体積) で求められる.

$$\Delta N_\mathrm{e} = n_\mathrm{e} V = n_\mathrm{e} LS$$
$$= n_\mathrm{e} v_\mathrm{d}\Delta t S$$

$x = 0$ $\quad$ $x = L = v_\mathrm{d}\Delta t$

Δt 秒間に自由電子が進む距離 $L = v_\mathrm{d}\Delta t$

単位時間 (1秒間) に断面を通過した自由電子の個数は,

$$\frac{\Delta N_\mathrm{e}}{\Delta t} = n_\mathrm{e} v_\mathrm{d} S$$

$q_0 =$ 電荷素量
$n_\mathrm{e} =$ 導体内の自由電子の密度
　　　 (単位体積当たりの個数)
$v_\mathrm{d} =$ 自由電子のドリフト速度
$S =$ 導体の断面積

単位時間 (1秒間) に断面を通過した電荷量は,その電子の個数の $-q_0$ 倍

$$-q_0 \frac{\Delta N_\mathrm{e}}{\Delta t} = -q_0 n_\mathrm{e} v_\mathrm{d} S$$

図9-6 「電流は単位時間当たりに断面を通過する電荷量である」ということをイメージして電流を表す式を導出するための図.

た自由電子の個数は,これを Δt で割ったもの,つまり $n_\mathrm{e} v_\mathrm{d} S$ となります.

　断面を単位時間当たりに通過した電荷量,つまり電流 I は,この個数 $n_\mathrm{e} v_\mathrm{d} S$ に自由電子1個当たりの電荷量 $-q_0$ をかけたものとなります.これより,電流を表す式は,以下のようになります.

$$I = -q_0 n_\mathrm{e} v_\mathrm{d} S$$

電流密度とは

　この式からわかるように,電流 I は導体の断面積 S によって変わります.そのため,電流だけを見ても,その大小が導体の中の状態 (自由電子の密度やドリフト速度の大小) を反映したものなのか,それとも導体の太さが違うからなのかがわかりません.このようなときには,導体の太さをそろえて比較する必要があります.

　しかし,太さをそろえられない場合もあります.そのようなときには,単位断面積当たりの電流である「電流密度」というもので比較します.**電流密度と**

は，電流値 $I = -q_0 n_e v_d S$ **を断面積** S **で割ったもの**です．つまり，電流密度は，

$$j = -q_0 n_e v_d$$

となります（電流密度は j で表すのが慣例です）．実は，この関係式はオームの法則と関係があります．次節ではそのことを確認します．

　オームは，当初は数学や物理学の教師でしたが，将来は大学の教授になることを望んでいました．大学の教授になるためには優れた研究成果が必要です．そのため彼は，現在のオームの法則につながる研究を1825年から開始し，その集大成の論文である「Die galvanische Kette, mathematisch bearbeitet（日本語訳：ガルバニック電池，その数学的取り扱い）」を1827年に出版しました．

　この論文にオームの法則が記されているのですが，当時の同郷のドイツ人科学者たちは論文を酷評したそうです．その理由は様々ですが，現在のような起電力や電圧降下の概念が確立する前に，オームの法則を発見してしまったことにあったようです．オームの論文では，現在の起電力に相当するものを「励起力（ドイツ語：erregende Kraft，英語：excitation force）」という言葉で表現し，電圧降下に相当するものを「電気的張力（ドイツ語：elektrische Spannung，英語：electric tension）」という現在とは異なる言葉で表現していましたが，オーム自身もこれらの言葉の意味や概念を論文中で十分に説明していなかったのです．満を持して出版した1827年の論文でしたが，残念ながらその時点ではオームが大学教授になることはできませんでした．

　一方，外国の科学者たちは彼の論文を高く評価しました．特にイギリスでは，ロンドン王立学会から名誉あるコプリメダルがオームに授与されました．これによって母国ドイツにおける彼の評価が高まり，1852年にようやくミュンヘン大学の教授の地位を獲得しました．しかし，その2年後に彼は脳卒中で他界します．彼が望んでいた教授になれたのは，彼の人生の中でたった2年間だけだったのです．

抵抗の大小は何で決まる？

第2章2節で説明したように，導体にかかる電圧を V，そこに流れる電流を I とすると，V と I の間には，$V = RI$ というオームの法則が成り立ちます．このときの R を抵抗といいました．本節では，この抵抗の大小がどのような物理的メカニズムで決まっているのかを説明します．

抵抗の理論式

抵抗の大小が何で決まるのかは，これまでに説明した電流のミクロなイメージを総合することでわかります．ここでは式ばかりですが，引用している各節の図を見ながら読んでください．

前節で説明したように，電流密度 j を表す式は次の通りでした．

$$j = -q_0 n_e v_d \tag{23}$$

ここで，q_0 は電荷素量，n_e は自由電子の密度，v_d は自由電子のドリフト速度です．ドリフト速度 v_d は，5節で説明したように，次式で表されます（※）．

$$v_d = -\frac{q_0 \Delta t}{2m} E = -\mu_e E \tag{24}$$

ここで，Δt は衝突の時間間隔，m は自由電子の質量，E は電場強度，μ_e は自由電子の移動度です．式 (24) で表されるドリフト速度 v_d を，式 (23) の電流密度の式に代入すると，次式のようになります．

$$j = q_0 n_e \mu_e E \tag{25}$$

電流密度 j は，単位断面積当たりの電流でした．そして，電場強度 E は単位長さ当たりの電位差でした．したがって，電流を I，電位差を V，導体の断面

積を S, 長さを d とすると, $j = I/S$, $E = V/d$ となります. これらを式(25)に代入すると, 次式のようになります.

$$\frac{I}{S} = q_0 n_e \mu_e \frac{V}{d} \quad \text{または} \quad I = q_0 n_e \mu_e \frac{S}{d} V \tag{26}$$

オームの法則は $I = V/R$ ですので, 式(26)と比較すると, 抵抗 R が,

$$R = \frac{1}{q_0 n_e \mu_e} \frac{d}{S} \tag{27}$$

と表されることがわかります. この式から, 抵抗の大小が, 大きく分類すると, 次の二つの要因で決まっていることがわかります.

(※)5節の注釈で説明したように, 厳密な理論によるドリフト速度の式は, 式(24)と若干異なります. ですので, 電気や電子に関するより高度な学問(例えば, 半導体工学や固体物理学)を学ぶ際には, 5節の注釈に書かれていることに留意してください.

抵抗の大小を決める要因(その1:物体の寸法)

抵抗の大小を決めている一つの要因は, 物体の寸法です. 本節で求めた式から, 次のことが言えます.

- 物体の長さ d が長いほど抵抗 R が大きい
- 物体の断面積 S が大きい(太い)ほど抵抗 R が小さい

なお, 上記の性質を「導線が長いと途中の障害物と衝突する回数が増えて流れにくい」,「太いホースは水が流れやすい」というイメージで考えてしまうことがありますが, 第2章4節と6節で述べたように, それは間違いなのです. これについては, 次節にて詳しく説明します.

抵抗の大小を決める要因 (その2:物体を構成する物質の種類)

抵抗の大小を決めている要因の二つ目は, 物体を構成する物質の種類です. これによって自由電子の密度 n_e (たくさんあるのか?)や, 移動度 μ_e (速く走れるのか?)が変わってきます.

自由電子の密度 n_e の違いは，絶縁体と導体の違いに表れています．プラスチックなどの絶縁体は，第5章4節で説明したように，自由電子がほとんどないために，極めて大きな抵抗になります．一方，金属中には，第5章5節で説明したように，自由電子が豊富に存在しますので，極めて小さい抵抗になります．なお，同じ金属であっても，金属の種類が異なると，その抵抗の値が少しずつ異なります．この違いは，後述の移動度を含む様々な要因が複合した結果ですので，原因を一つだけに特定することができません．

　移動度 μ_e の違いは，自由電子が原子と衝突する時間間隔の違いです（5節）．一般に，原子間の隙間が狭い物質や原子の配列が規則正しくない物質では，衝突の時間間隔が小さくなり，自由電子が走りにくくなります．そのため，移動度が小さくなり，抵抗が大きくなります．電気回路を使った製品では，目的に応じてこの違いをうまく使い分けています（後述，10節）．

08 導線の寸法による
抵抗の違いの正しい理解

　前節では，物体の寸法と抵抗の大小の関係について，しばしば誤解されていることを指摘しました．本節では，導線の寸法の大小として，「長い」「短い」や，「太い」「細い」を例にあげて，その誤解を修正し，正しい理解をしてもらおうと思います．

どこが間違い？

　まず，正しい理解と間違った理解の例を見てもらいましょう．

○**導線が長いと抵抗が大きいのは，電位勾配が緩やかになるから**
×長い距離を走ると途中の障害物との衝突回数が増えるので流れにくい

○**導線が太いと抵抗が小さいのは，断面を通過する自由電子数が増えるから**
×ホースが太いほど水が流れやすいのと同じ

　「×」となっている考え方は，どこがいけないのでしょうか．それは，寸法が変わると「流れやすさ」や「流れにくさ」が変わると考えていることです．

　5節で説明したように，流れやすさ（または流れにくさ）は，自由電子が導線を構成する原子と衝突するときの衝突頻度で決まっています．この衝突頻度は，導線を構成する原子の直径や原子間の間隔，その配置のしかたで決まります．言い換えると，**自由電子の流れやすさを決めている要因は，導線の材料が何であるかなのです**．したがって，**同じ材料で作られた導線であれば，寸法が変わっても自由電子の流れやすさは変わらないのです**．

導線が長いと抵抗が大きいのはなぜ？

　では**導線の「長い」「短い」は何に関係しているのでしょうか．それは，導線の中の電位勾配です**．図9-7に示すように，2点間の電圧（すなわち電位差）が同じでも，2点間の距離が長くなると，電位勾配が緩やかになります．電流の担い手である自由電子は，この電位勾配を感じて流れますので，勾配が緩やかになるとドリフト速度が遅くなります．電流とは，単位時間当たりに断面を通過する電荷量（自由電子の個数に比例）でした．自由電子のドリフト速度が遅くなると，単位時間当たりに断面を通過する量が減り，電流が小さくなります．すなわち，オームの法則における抵抗（＝電圧／電流）が大きくなるのです．逆に，導線が短いと電位勾配が急峻になり，自由電子のドリフト速度が速くなります．そのため，単位時間当たりに断面を通過する電荷量が増える（電流が増える）ので，抵抗が小さくなるのです．

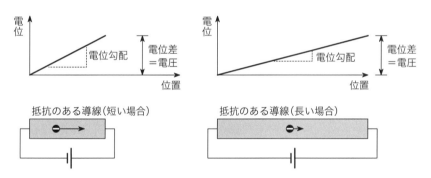

電位差（電圧）が同じでも，物体の長さによって勾配が違う．短いと急峻，長いと緩やか．
自由電子の速度（ドリフト速度）は，勾配が急峻だと高速で，勾配が緩やかだと低速．
自由電子が低速だと，単位時間に断面を通過する個数が少なくなるので，電流が小さくなる．

図9-7　導線が長いとなぜ抵抗が大きいのか．

導線が太いと抵抗が小さいのはなぜ？

　次に，**導線の「太い」「細い」は何に関係しているのでしょうか．それは，自由電子の個数です**．自由電子は各原子から供給されています（第5章5節）．したがって，図9-8に示すように，断面が広くなればそれだけ原子の個数も増え，

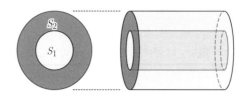

導線が太くなるということは、断面積 S_1 に S_2 が追加されるということ. 電流の担い手である自由電子は, 物体の中の原子から供給されるが, 追加された断面に存在する原子からも自由電子が供給される. そのため, 断面を通過する自由電子数が増える. これにより, 電流が増える. すなわち, 抵抗が小さくなる.

図9-8 導線が太いとなぜ抵抗が小さいのか.

自由電子の個数も増えるわけです. つまり, 導線が太いと抵抗が小さい(同じ電圧でも大きな電流が流れる)のは, 流れやすくなるからではなく, 流れるときの自由電子の個数が増えるからなのです.

なお本節では, 導線の抵抗の大小が何で決まるかについて説明しましたが, この説明は物体の抵抗が大きいか小さいかによらず, 抵抗体, 絶縁体, 半導体を含む全ての物体について成り立ちます.

〈注釈〉本節の説明からもわかるように, 導線の中で起こっていることに対して, 水流モデルまたはそれに近いイメージを持つと, 導線の中で本当に起こっていることをイメージしていることになりませんので注意しましょう.

09 抵抗と抵抗率／ コンダクタンスと導電率

　7節で説明したように，抵抗の大小を決める要因には寸法によるものと，物質の種類によるものがあります．導線の材料としてどれがいいかなと選ぶときには，物質の種類による違いだけに注目したくなりますね．そのようなときには，抵抗ではなく，抵抗率というもので考えたり，比較したりします．本節では，この抵抗率とその逆数である導電率というものについて説明します．

抵抗と抵抗率

　7節で説明した抵抗を表す式は次式の通りです．

$$R = \frac{1}{q_0 n_e \mu_e} \frac{d}{S}$$

　ここで，q_0 は電荷素量，n_e は自由電子の密度，μ_e は自由電子の移動度，d は導線の長さ，S は導線の断面積です．この式の中で，$1/(q_0 n_e \mu_e)$ の部分は，物質の性質だけで決まる部分，d/S は寸法によって決まる部分です．そこで，物質の性質だけで決まる部分を次のように抜き出します．

$$\rho = \frac{1}{q_0 n_e \mu_e}$$

　これは**抵抗率**といい，**寸法によらず物質の種類だけで決まる電流の流れにくさを表す指標**です．抵抗率は ρ（ロー）で表すのが慣例になっています．

　最初に示した抵抗を表す式と比べるとわかるように，抵抗は，抵抗率 ρ，長さ d，断面積 S を使って，次式のように表すことができます．

$$R = \rho \frac{d}{S}$$

前式は，同じ物質（同じ抵抗率 ρ）であれば，その物質で作った導線の抵抗 R は，長さ d が長くなるほど大きくなり，断面積 S が大きくなるほど小さくなるということを意味しています（第8節）.

　逆に，ある物質でできた抵抗の抵抗値 R と寸法（長さ d と断面積 S）がわかれば，その物質の抵抗率を次式で計算することができます.

$$\rho = R\frac{S}{d}$$

　上式において，抵抗 R の単位がΩ，断面積 S の単位がm^2，長さ d の単位がm ですので，抵抗率の単位は，$\Omega \cdot \mathrm{m}^2/\mathrm{m} = \Omega \cdot \mathrm{m}$（オームメートル）となります.

　参考までに，代表的な物質の抵抗率を表9-1に示しました.

表9-1　電気回路に使われる代表的な物質の抵抗率（温度は20 ℃）.

金属	抵抗率	絶縁物	抵抗率
Ag（銀）	$1.62 \times 10^{-8}\,\Omega \cdot \mathrm{m}$	ポリエチレン	$> 10^{14}\,\Omega \cdot \mathrm{m}$
Cu（銅）	$1.72 \times 10^{-8}\,\Omega \cdot \mathrm{m}$	塩化ビニール	$> 10^{14}\,\Omega \cdot \mathrm{m}$
Au（金）	$2.40 \times 10^{-8}\,\Omega \cdot \mathrm{m}$	テフロン	$> 10^{16}\,\Omega \cdot \mathrm{m}$
Al（アルミニウム）	$2.82 \times 10^{-8}\,\Omega \cdot \mathrm{m}$	シリコーン樹脂	$10^{13}\,\Omega \cdot \mathrm{m}$

〈出典〉平井平八郎，豊田実，桜井良文，犬石嘉雄共編『現代 電気・電子材料』（p.26 表1.4，p.29 表1.5，p.111 表3.3より抜粋），オーム社，1978年

コンダクタンスと導電率

　抵抗は電流の流れにくさを表す指標ですが，その逆数は電流の流れやすさを表す指標になります．それをコンダクタンスといい，G で表すのが慣例になっています．抵抗 R との間の関係は以下の通りとなります.

$$G = \frac{1}{R}$$

また，抵抗率の逆数を**導電率**といい，**寸法によらず物質の種類だけで決まる電流の流れやすさを表す指標**です．導電率は，σ（シグマ）で表すのが慣例になっています．これまでの関係式から，導電率は以下のように表されます．

$$\sigma = \frac{1}{\rho} = q_0 n_e \mu_e$$

導電率の単位は S/m（ジーメンス毎メートル）となります．S（ジーメンス）は抵抗の逆数であるコンダクタンスの単位です（第2章2節）．

抵抗と抵抗率の間に寸法を介した関係があったように，コンダクタンスと導電率の間にも次のような関係があります（抵抗と抵抗率の関係の逆数版）．

$$G = \sigma \frac{S}{d} \quad \text{または} \quad \sigma = G \frac{d}{S}$$

前者の式は，同じ物質（同じ導電率 σ）であれば，その物質で作った導線のコンダクタンス G（電流の流れやすさ）は，長さ d が長くなるほど小さくなり，断面積 S が大きくなるほど大きくなるということを意味しています．後者の式は，ある物質でできたコンダクタンス G と寸法（長さ d と断面積 S）がわかれば，その物質の導電率が計算できるということを意味しています．

電熱線はなぜ熱くなる?

　私たちの日常生活では，電気回路を流れる自由電子の作用によって得られる効能を利用しています．その代表例は，電気ストーブや電気ポットにおける電熱線の「加熱」です．なぜ電熱線に電流が流れると熱くなるのでしょうか．これには，抵抗の中で起こっている電子と原子の衝突というミクロな現象が関係しています．

自由電子の衝突で原子が振動する

　電圧をかけた導体の中の自由電子は，5節で説明したように，電位勾配（電場）による加速と，構成原子との衝突による減速を繰り返しています．衝突と衝突の間では，自由電子は電場によって加速されて，速度が増します．言い換えると，自由電子の運動エネルギーが増えるわけです．自由電子が導体の構成原子と衝突すると，速度がいったんゼロになります（簡単化したモデルの場合）．つまり，自由電子の運動エネルギーがゼロになります．

　物理の法則（エネルギー保存則）により，エネルギーが忽然と消えるということはありませんので，自由電子が失ったエネルギーは別のエネルギーに変わります（第7章1節）．この場合には，自由電子の衝突相手である原子の振動エネルギーに変換されます．物質の温度は，その物質を構成する原子の振動エネルギーが起源となっています．そのため，上記のように原子の振動が誘発されると，物質が加熱されることになるのです．これによって，電熱線が熱くなるわけです．

導線はなぜ熱くならない?

　電気を効率よく流すことを目的とした導線は，銅などの抵抗率の小さい物質で作られています．これは，自由電子の衝突間隔が長い（衝突頻度が少ない）ということを意味します（図9-9（a）を参照）．つまり，原子を振動させることがあまりないため，導線は電気ストーブのようには発熱しません．室温の銅の場

合，自由電子が衝突せずに走ることのできる長さは約39 nm（ナノメートル，1 nm $= 10^{-9}$ m）であることがわかっています．一方，導線中の銅原子の間隔は0.36 nmですので，銅の中を走る自由電子は，約100個分の銅原子の間を無衝突で通過することになります．これほど長い距離を無衝突で走行できるのは，原子が比較的規則正しく並んでいるからです．

電熱線はなぜ熱くなる？

加熱することを意図したニクロム線（電熱線）では，ニッケル原子とクロム原子がやや不規則に配列しており，自由電子が衝突しやすくなっています（図9-9（b）を参照）．ニクロム線の中を走る自由電子は，おおよそ原子数個以内の距離で1回の衝突を経験します．自由電子と原子との衝突回数を適度に多くすることによって，その材料に電流を流したときに電熱線として機能するようにしてあるのです．銅の抵抗率が$1.72 \times 10^{-8} \, \Omega \cdot$mであるのに対し，ニクロム線の抵抗率は$1.5 \times 10^{-6} \, \Omega \cdot$mと，銅の約90倍となっています．

実は，白熱電球が光るのも，本節で説明した「電熱線が熱くなる」のと同じ原理（つまり，自由電子が原子に衝突すること）なのです．次節で，その詳細を説明しましょう．

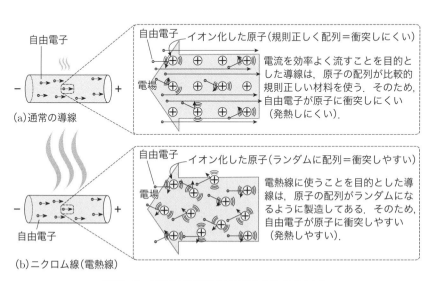

図9-9　通常の導線はなぜ熱くならない？
ニクロム線（電熱線）はなぜ熱くなる？

Chapter 9
11 電球はなぜ光る?

　本書の冒頭では，電気回路の一番簡単な例として，電池と電球を接続して電球を光らせる回路を紹介しました．なぜ電球は光るのでしょうか．「電気エネルギーが光エネルギーに変換されているのです」などと言われても，なんとなく煙に巻かれた感じがします．実は，電球が光る原因は，電熱線が熱くなるのと同じなのです．違う点は，到達する温度が超高温ということだけなのです．本節では，その詳細を説明します．

電球の中には細い導線 (フィラメント) が入っている

　照明を目的とした白熱電球の中には，実は，細い導線が入っています (図9-10を参照)．これをフィラメントといいます．このフィラメントに電流が流れることで発光するのです．フィラメントが光る原理は，暖めることを目的とした電熱線の場合と基本的には同じです．電気ストーブの電熱線もまぶしくはありませんが，赤く光っていますね．電熱線よりもフィラメントの方が明るく光るのは，より多くの電流を流して，温度が極めて高温になっているからなのです．

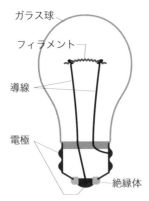

ガラス球
フィラメント
導線
電極
絶縁体

フィラメントを極めて細くすることで，フィラメントの部分だけで発熱・発光するようにしてある．

高温で融けないように，フィラメントの材料としては高融点の材料を使う．また，酸化されないように，ガラス球の中を真空にしたり，中に不活性ガスを封入したりする．

導線は抵抗が小さくなるように，抵抗率が小さい材料で，比較的太い線を使う．こうすることで，導線部分で発熱しないようにしてある．

図9-10　電球の内部構造と役割．

フィラメントに流す電流が多くなると...

　電熱線が発熱する原因は，自由電子が原子（厳密にはイオン化した原子）に衝突して，原子が振動するためでした．原子が振動するとはいいましたが，原子は単純な剛球のようなものではなく，原子核とそれに束縛された電子によって構成されています．どちらも振動することが可能ですが，原子核よりも軽い電子の方が顕著に振動することになります．電荷を持った粒子が振動すると，その振動周波数に応じた電磁波を放射することがわかっています．これを熱輻射<ruby>熱輻射<rt>ねつふくしゃ</rt></ruby>といいます．電磁波というと，電波のようなものを思い浮かべると思いますが，実は，光も電磁波の一種なのです．低い温度の物体から放射される電磁波は，目に見えるものではないのですが，ある程度高温になると，可視光と呼ばれる目に見える光になります．

　電気ストーブの電熱線は赤く光っていますが，物体がその色に見えるときの温度はおおよそ1 000～1 500 ℃ぐらいです．実は，ロウソクの炎が赤く光って見えるのも同じ原理で，スス（を構成する原子に束縛された電子）が熱輻射をして赤く見えています．私たちが日常生活で目にする白熱電球の中のフィラメントの温度は，電熱線やロウソクの炎の最高温度よりも高く，約3 000 ℃になっています（100 Wの電球の場合）．この場合には，薄い黄色から白色に近い色に見えます．

フィラメントはなぜ細い？

　フィラメントは極めて細い導線です．なぜ細いのでしょうか．それは，原子1個当たりに自由電子が衝突する回数を多くして，より熱く，より明るく光るようにするためです．

　同じ電流が流れていても，導線が細くて断面積が小さい方が，単位断面積当たりの電流，つまり電流密度（6節）が大きくなります．言い換えると，自由電子が単位時間当たりに単位断面積の断面を通過する個数が増えるわけです．単位断面積の中にある原子の個数は，導線の太さによらず同じですので，電流密度が増えると原子1個当たりに自由電子が衝突する回数が増えますね．白熱電球の中のフィラメントが，電気ストーブの電熱線よりも極めて細くしてあるのはそのためなのです．

　ただし，フィラメントに使用する材料をうまく選ばないと，このような高温

になると融けてしまいます（細いので余計に融けやすい）．そのため，電球用のフィラメントには，高温でも融けないタングステン（融点：3 380 ℃）などが用いられています．また，フィラメントの周囲に酸素があると，フィラメントと酸素が反応し，酸化物になります．こうなると，電気を流しにくくなったり，もろくなって断線したりします．そのため，フィラメントをガラス球の中に封じ込めて中を真空にする，もしくはフィラメントと反応しない不活性なガス（例えばアルゴンガス）を封入するなど，フィラメントが長持ちするための工夫がなされています．

Chapter 9

12

電子は電場の号令で一斉に動く

　自由電子が電場によって流れる速度 (ドリフト速度) は5 mm/sというカタツムリ程度の速度です (4節)．この速度で10 cmの導線を通過しようとすると20秒もかかります．どんなに長い回路でも，スイッチを入れてから電球や機器が機能するまでに，そんなに長い時間はかかりません．ほとんどの場合，一瞬で光ります．自由電子の速度がこれほどまでに遅いのに，なぜスイッチを入れるとすぐに電球が点灯するのでしょうか．本節では，その理由を説明します．

もともとそこにあった自由電子が動いて光る

　冒頭の疑問を持つ原因は，スイッチを入れたときに電球を光らせる自由電子が，はるばるスイッチの向こうからやってきた自由電子だと思っていることにあります．これが間違いなのです．

　自由電子は，スイッチのON/OFFに関わらず，回路を構成するすべての金属の中に常に存在しています (第5章5節)．

　電球の中にはフィラメントという細い導線が仕込まれており，それが光るのですが (11節)，その中にも自由電子はスイッチをONする前から存在しています．スイッチを入れた瞬間に電球が光るのは，図9-11に示したように，「こっち向きに動け」という号令に相当する電場 (の変化) がスイッチの接点から回路全体に瞬時に伝わり (1節，2節を参照)，フィラメントの中にあった自由電子を含むすべての自由電子が即座に動き出すからなのです (動く速度はカタツムリ程度ですが)．

電場が伝わる速度は光速

　スイッチを入れると電場が回路全体に瞬時に伝わると言いましたが，実際には，電場が電球に到達するまでに時間を要します (極めて短い時間ですが)．この時間について説明するためには，電磁気学の高度な知識を必要とし，本書の

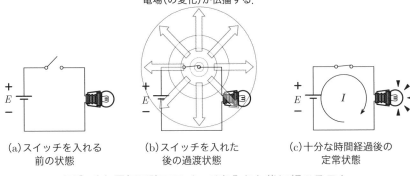

スイッチを入れたという作用が原因となって
電場（の変化）が伝播する.

(a) スイッチを入れる
前の状態

(b) スイッチを入れた
後の過渡状態

(c) 十分な時間経過後の
定常状態

図9-11 電気回路でスイッチを入れた後に起こること.

範囲を大幅に超えてしまいますので，概略だけを紹介します.

　皆さんは，電波というものを知っていると思います．携帯電話で通信ができるのは，携帯電話の基地局から出た電波が空中を伝播しており，それを皆さんの携帯電話で受信しているからです．電波という名前がついていますが，つまるところ，電波は電場なのです（厳密には，電場と磁場）.

　電気回路の場合にも，スイッチを入れると，この電波の伝播と同じメカニズムで，電場が導線の中だけではなく，回路全体に伝播します．図9-11(b)は，その概念的なイメージ図です.

　電場（厳密には電場の変化）の伝わる速度は極めて速く，光の速度（300 000 km/s）と同程度で伝播します．そのため，通常のサイズの電気回路の場合には，スイッチを入れた後の遅延を感じることはありません．しかし，全長が300 000 kmの電気回路を作ったとしたら，スイッチを入れてから1秒後に電球が点灯する回路になります（地球一周が約40 000 kmですから，地球を7周半する回路になります）.

　電場が空間を伝播して自由電子を動かすというイメージは，「動け！」という号令で人を動かす状況と似ています（図9-12を参照）．音声の号令は音波として約330 m/sで伝播します．人の行列が数m程度の場合には，一番端の人に号令が伝わる遅延時間が気になることはありません．しかし，300 mの人の列に向かって号令をかけたとしたら（大声でないといけませんが），一番端の人に号令が伝わるのは，約1秒後ということになります.

端まで号令が伝わる速度＝音速

図9-12　号令で人が動くイメージ．電場が伝播して電子が動く様子は，
動くときの原動力が根本的に違うが，
号令（音波）が伝播して人が動くのと似ている．

電気回路の基本法則
の再認識

Chapter 10

本書の最後の章となる10章では，これまでに説明したことをベースにして，再び第2章の「電気回路の基本法則」に戻ります．その理由は，電気回路の理論が成立するための大前提をまだ説明していなかったからです．多くの理論がそうであるように，理論というものには，何らかの前提があります．それを無視して理論を適用することはできないのです．

　であるならば，本当は，その前提のことを最初に言わなければならないはずです．なぜ，最初に言わなければならないことが，最後になっているのでしょうか．それは，電気回路の理論の大前提が，第3章〜第9章までのことを知っていなければ理解できないからなのです．そのような事情があるためか，多くの教科書ではその前提が書かれていません．その前提とは何でしょうか．キーワードだけを先にお知らせすると，以下のようになります．

　　「回路素子の特徴は，電圧と電流の関係だけで抽象化されている」
　　　これにより，導線の表面電荷の分布，導線の中の電場，
　　　導線の中の自由電子の移動，原子との衝突など，
　　　複雑な物理現象を考える必要がない．

　　「回路素子の電圧と電流の関係は近似されている」
　　　これにより，回路の特性が簡単な数式で表現できる．

　　「電気的現象は一瞬で伝わる」
　　　これにより，複雑な現象の連鎖である過渡的な状態
　　　(第9章1節と2節) を考える必要がない．

　最終章では，これから電気回路の本当の教科書で勉強しようとしている読者の皆さんに，本来なら教科書の最初に示すべきこと，電気回路の理論がどれだけ単純化された理論であるのかという上記の事柄について，説明したいと思います．

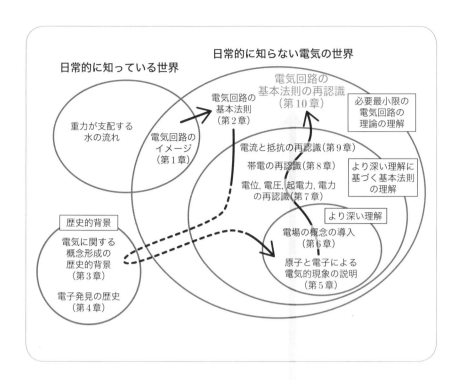

01. 電気回路の理論における抽象化

02. 電気回路の理論は近似理論である

03. 電気回路の理論における大前提

01 電気回路の理論における抽象化

　本書の第1章では，電気回路を簡単な水流モデルで説明しました．しかし，電気回路の中で起こっていることをミクロな視点で見たり（第5章），電荷が及ぼす電場という「場」の概念（第6章）に基づく視点で見たりすると，実際には，第7章や第8章で説明したような複雑な現象が起こっていました．これに対し，第2章で説明した電気回路の基本法則は，オームの法則，キルヒホッフの電流則，キルヒホッフの電圧則という3つの法則だけでした．

　極めて複雑な電気回路の中の物理現象が，なぜこの3つだけ（と四則演算）で解析できたり，予測できたりするのでしょうか．それは，電気回路の理論を構築する際に，最も重要な事柄（具体的には電圧と電流の関係）だけに注目し（抽象化），さらにそれを単純化（近似）しているからなのです．本節では，まず抽象化がどのようになされているのかを説明します．

電球の抽象化を例にとって

　図10-1（a），（b）は，電球の模式図と，端子間の電圧 V と電流 I の関係を表したものです．電球は，端子①と端子②に電池をつなげると光るという極めて単純なものです．しかし，同図（a）の破線で囲んだ部分の電圧と電流の関係を厳密な理論で扱おうとすると，第7章や第8章で説明したように，自由電子と原子の衝突や，表面電荷の分布による導線の中の電場などのとんでもなく複雑なことを考えなければなりません．

　一方，**電気回路の理論では，「端子①②の間の電圧と電流の関係だけが関心事です」，「それ以外は気にしません」という考え方をします**．つまり，関心のある事柄を「電圧」と「電流」だけに絞り，電球を以下のようにブラックボックス化するわけです．

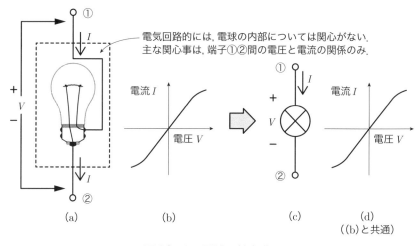

のところに表示：
電気回路的には，電球の内部については関心がない．
主な関心事は，端子①②間の電圧と電流の関係のみ．

図10-1　電球の抽象化．

> 「この電気回路の電圧と電流の間には図10-1（b）のような関係がある」
> 「それ以外の電球の性質などは気にしません」

　こうした抽象化を行うと，回路素子や電気機器の大きさ，形，内部構造などを扱う必要がなくなります．導線の中の電場や自由電子の動きを気にする必要もありません．また，抽象化すれば元々の電球の形などは関係なくなります．極端に言うと，「点」でもかまわないのです．しかし，それでは元々が何であったかがわかりませんので，第2章1節で説明した回路図記号を使って，同図（c）のように表します．

　ここでは電球を例に挙げましたが，電球以外の回路素子や電気機器に関しても，同じように抽象化して考えます．こうして関心事以外をブラックボックス化すると，その中身のことを一切考えなくてよくなるのです．

　これは，自動販売機をどうとらえるかというのと似ています．自動販売機の中では，どの硬貨やお札が入ってきたのかを判別したり，その金額が十分かどうかを判定したり，お客さんが選んだ飲み物を出口まで適切に移動したりする複雑な機構が内部に備わっています．しかし，私たちはそのような内部のことについて知らなくても，ちゃんと飲み物を買うことができます．このとき，私たちは，自動販売機を，「お金を入れてボタンを押すと飲み物が出てくる」とい

うブラックボックスとして抽象化しています．電球などの電気機器の抽象化もこれと同じで，実用的にはこれで十分という抽象化がなされているのです．力学において，物体と力の関係を考えるときに，物体の大きさを無視した「質点」というものを想定することも抽象化の一例だといえます．

　このような抽象化の次に，電気回路の理論では，もう一つのことを行います．それは「近似」です．次節では，この「近似」について説明します．

02 電気回路の理論は 近似理論である

　電気回路の理論では，ある回路素子の性質を考えるときに，その回路素子の電圧と電流の関係だけに注目するという抽象化に加えて，電圧と電流の関係をより単純な関係式で近似します．本節では，電気回路の理論において，各回路素子の電圧と電流の関係がどのように近似されているのかを説明します．

現実の回路素子の特性

　図10-2では，左側に各種回路素子の現実の形状とその電圧と電流の関係を示し，右側にその回路素子を抽象化したものを表す記号と，近似した電圧と電流の関係を示しました．同図（a）の導線は，その抵抗が極めて小さいことがわかっていますが，完璧にゼロではありませんので，現実には極めて抵抗の小さい物体として扱わなければなりません．同図（b）の絶縁体はその逆です．つまり，抵抗が極めて大きいことがわかってはいますが，完璧に無限大ではありません．つまり，ごく微量ですが電流が流れます．同図（c）の抵抗は，電圧と電流が比例するはずの回路素子ですが，現実には完璧な比例関係にはありません．同図（d）の電池は，起電力に相当する電圧をいつも出す回路素子のはずなのですが，実際には電流が大きくなると，端子間の電圧は当初の起電力よりも小さくなるという性質があります．

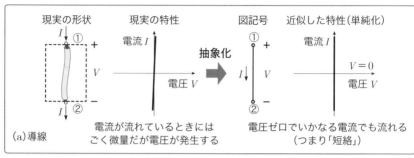

（a）導線

現実の形状	現実の特性		図記号	近似した特性（単純化）

電流が流れているときには
ごく微量だが電圧が発生する

電圧ゼロでいかなる電流でも流れる
（つまり「短絡」）

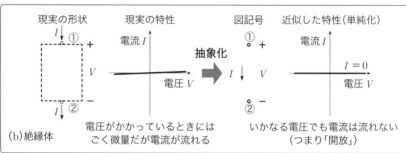

（b）絶縁体

電圧がかかっているときには
ごく微量だが電流が流れる

いかなる電圧でも電流は流れない
（つまり「開放」）

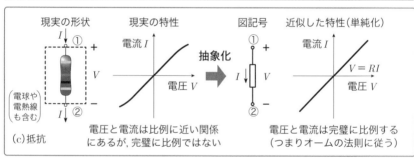

（c）抵抗

電球や
電熱線
も含む

電圧と電流は比例に近い関係
にあるが, 完璧に比例ではない

電圧と電流は完璧に比例する
（つまりオームの法則に従う）

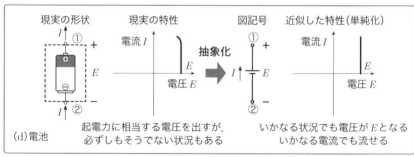

（d）電池

起電力に相当する電圧を出すが,
必ずしもそうでない状況もある

いかなる状況でも電圧が E となる
いかなる電流でも流せる

図10-2　回路素子の抽象化と近似.

電気回路の理論の中の回路素子の特性

　現実の回路素子は，先述のように，何かと「○○だけど，実は○○であることに気をつけなければならない」という性質を持っています．これに対し，電気回路の理論の中では，すべての回路素子の性質を，「常に○○だ」というように単純化した性質に近似してしまいます．

導　線：電圧は常にゼロで，電流はそこに流れこむ電流となる（短絡）．
絶縁体：電流は常にゼロで，電圧はそこにかかる電圧となる（開放）．
抵　抗：電圧と電流は常に比例関係にある．
電　池：電圧は常に起電力で，電流はそこに流れこむ電流となる．

　電気回路を扱うとき，通常は上記の近似をしても全く問題がありません．電気回路の理論というものが世の中で広く利用されているのはそのためです．しかし，多くの理論がそうであるように，電気回路の理論もある前提の上に成り立っています．その前提の一つが，「上記の近似が成立すること」ということなのです．つまり，**この前提なしに盲目的に電気回路の理論を使ってはいけない**のです．「非常に電圧が大きい」，「非常に電流が大きい」などの特殊な状況になると，近似が成立しなくなります．そのようなときには，図10-2の左側の現実版に戻って考える必要が出てきます．

　先ほど，「前提の一つ」といいましたが，もう一つ重要な前提があります．本書の最後になる次節ではそれを説明します．

03 電気回路の理論における大前提

　前節では，電気回路の理論が，使われる回路素子の特性がすべて単純化された特性に近似できるという前提の上に成り立っていると言いました．本節では，その前提に加えて，もう一つの前提があるということを説明します．

電気的な変動は瞬時に伝わる

　これは，第9章12節で説明したことに関係します．実際の電気回路でスイッチを入れると，スイッチの接点で起こった事が原因となって，周囲にその影響が波及していきます．最終的には，その影響が回路全体に行き渡り，回路の電圧と電流の関係が，第2章で説明した基本法則に従う電圧と電流の関係になります（第9章1節，2節も参照）．

　つまり，第2章で説明した基本法則が成り立つ状況になるためには，スイッチを入れてからある程度の時間が必要なのです．といっても，第9章1節や12節で説明したように，スイッチで起こったことの影響が回路全体に行き渡る速度は 300 000 km/s（光速）という超高速です．そのため，通常の回路の大きさであれば，その影響が全体に行き渡るまでの時間は一瞬となります．そこで，電気回路の理論では，スイッチで起こったことの影響が全体に行き渡るまでの時間をゼロに近似しているのです．つまり，第2章8節で述べたように，「**スイッチを入れると，$V = RI$ というオームの法則やキルヒホッフの法則を満たす電圧と電流がどこからともなく突如として現れる**」というやや強引な理論になっているのです．

　逆に，光速をもってしても少し時間がかかるような巨大な電気回路の場合には，「電圧と電流が突如として現れる」ということが起こらなくなります．したがって，電気回路の理論を適用する際には，「電気的な現象が回路全体に伝播する所要時間を「ゼロ」に近似できるくらい回路の寸法が小さいものである」という前提条件がつくのです．ただ，光速があまりにも速いので，上記の所要時間

が気になるような（つまり近似ができなくなるような）回路の大きさは，全長300 000 kmという途方もない大きさになります．そのため，現実的には，ほとんどの場合にこの近似が成り立っているのです．

　なお，電気回路のスイッチを入れてから十分な時間が経過した後の状態を考える場合には，先述の近似が回路の大小に関わらず成立します．ここで言う「十分な時間」とは，スイッチを入れた影響が，電気回路の末端まで伝播するまでの時間ということです．末端までの距離が300 000 kmの回路であれば，「十分な時間」は1秒となります．一方，末端までの距離が30 cmの場合には，1×10^{-9}秒（1ナノ秒）という極めて短い時間になりますので，私たちの日常的な時間感覚からすると，ほとんど無視できる時間となります．つまり，スイッチを入れた直後から，「十分な時間」が経過した電気回路の理論を適用できる状態になるわけなのです．しかし，注目する時間帯が，先ほどのナノ秒スケール以下になってくると，電気的現象が伝播している最中ということになります．そのような場合には，もはや電気回路の理論を適用することはできなくなるのです．では，何を適用するのでしょうか．それは，本書の範囲外となりますが，本章の冒頭で「とんでもなく複雑」と言った「電磁気学」という学問を適用することになるのです．

　なお，電気回路の理論が成立するための前提条件があと二つあります．それらは，電荷保存に関することと磁場に関することなのですが，本書の範囲を超えてしまいますので割愛しました．

付録 単位の前の接頭辞

　電気回路では，物理量を数量化したときに，その数値が極めて大きくなったり，極めて小さくなったりします．そのため，電圧や電流の数値を[V]や[A]という単位をつけて表したときに，ゼロがたくさんつくことがあります．たくさんゼロがあると，数え間違いもあります．そこで，そのようなときには，「これにはゼロが◯◯個つく大きな数値です」，「これには小数点の右側にゼロが◯◯個つく小さな数値である」ということを表す別の記法を用います．

　その1つは◯◯$\times 10^{\bigcirc\bigcirc}$という表現方法です．例えば，$1.0 \times 10^{-3}$は0.001を意味し，$1.0 \times 10^{3}$は1 000を意味します．

　一方，「$\times 10^{\bigcirc\bigcirc}$」を記号で表す方法もあります．この場合には，表1のような記号を使うことになっており，単位の前の接頭辞と呼ばれています．例えば，$1.0 \times 10^{3}\,\Omega$は$1.0\,\mathrm{k}\Omega$となります．なお，電気工学で使うのは，G，M，k，m，u，n，pぐらいです．

表1. 単位の前の接頭辞

$10^{○○}$	十進表記	接頭辞の文字	接頭辞（英語）	接頭辞（カタカナ）
10^{24}	1 000 000 000 000 000 000 000 000	Y	yotta	ヨタ
10^{21}	1 000 000 000 000 000 000 000	Z	zetta	ゼタ
10^{18}	1 000 000 000 000 000 000	E	exa	エクサ
10^{15}	1 000 000 000 000 000	P	peta	ペタ
10^{12}	1 000 000 000 000	T	tera	テラ
10^{9}	1 000 000 000	G	giga	ギガ
10^{6}	1 000 000	M	mega	メガ
10^{3}	1 000	k	kilo	キロ
10^{2}	100	h	hecto	ヘクト
10^{1}	10	da	deka	デカ
10^{0}	1	—	—	—
10^{-1}	0.1	d	deci	デシ
10^{-2}	0.01	c	centi	センチ
10^{-3}	0.001	m	milli	ミリ
10^{-6}	0.000 001	μ	micro	マイクロ
10^{-9}	0.000 000 001	n	nano	ナノ
10^{-12}	0.000 000 000 001	p	pico	ピコ
10^{-15}	0.000 000 000 000 001	f	femto	フェムト
10^{-18}	0.000 000 000 000 000 001	a	atto	アト
10^{-21}	0.000 000 000 000 000 000 001	z	zepto	ゼプト
10^{-24}	0.000 000 000 000 000 000 000 001	y	yocto	ヨクト

参考文献

　ここに挙げた参考文献は，英語書籍も含んでおり，本書を手に取った読者にとってはハードルが高いかもしれませんが，本書をまとめる際に私自身に「気づき」を与えてくれた参考文献です．将来さらに高度な電気回路や電子回路に関する勉強をする際に参照して頂くとよいのではと思うものをピックアップして列挙しました．

●水流モデルについて

亀山 寛：「電気回路と水流モデルとの類推に関する考察（I）：電位差（電圧）について」，静岡大学教育学部研究報告　教科教育学篇，第12巻，pp. 197-209，1981年

初学者に電気回路を教える際に，水流モデルをどのように使えば有効であるかが議論されています．

●電気の歴史について

三星孝輝：『原典でたどる電磁気学史』，太陽書房，2018年

電気の歴史に登場する著名な科学者が，自身が発見した事柄について自身の論文でどのように記述しているのかまで掘り下げて（つまり，論文を日本語に翻訳して）解説している本です．

●原子スケールでの物質の電気的性質について

D.R. Askeland, W.J. Wright：『The Science and Engineering of Materials Seventh Edition』, Chapter 2 Atomic Structure, Cengage Learning, 2016年

T.L. Brown, H.E. LeMay, Jr., B.E. Bursten, C.J. Murphy, P.M. Woodward, M.W. Stoltzfus：『Chemistry The Central Science 14th Edition in SI Units』, Chapter 12 Solids and Modern Materials, Pearson, 2018年

原子の中の電子配置や化学結合に基づいて物質の電気的性質が説明されています．

●電気回路における電圧と電流の厳密な（電磁気学的な）描像について

H. Härtel:「A qualitative approach to electricity」, Xerox Corp. Palo Alto Research Center, 1987年（※タイトルをネット検索するとPDFで読めます）

松田拓也:『間違いだらけの物理学』, 7章「電流のエネルギーは電線の中を流れる」は間違い！, 学研教育出版, 2014年

R.W. Chabay, B. A. Sherwood:『Matter & Interactions Fourth Edition』, Chapter 18 Electric Field and Circuits, Wiley, 2015年

電気回路で起こっている現象を電磁気学に基づいて厳密に説明するとどうなるのかが述べられています.

小宮山進, 竹川 敦 :『マクスウェル方程式から始める電磁気学』, 裳華房, 2016年
電流と電圧の関係が因果関係ではなく相関関係であるという考え方に通じる電磁気学的な視点がpp. 247-249に述べられています.

●電気的現象の抽象化と近似について

A. Agarwal, J.H. Lang:『Foundations of Analog and Digital Electronic Circuits』, Chapter 1 The Circuit Abstraction, Morgan Kaufmann, 2005年

J.W. Nilsson, S.A. Riedel:『Electric Circuits Tenth Edition』, Chapter 1 Circuit Variables, Pearson, 2015年

電気回路の理論が, 現実に起こっていることの重要な部分だけを切り抜いて抽象化した理論であり, 多くの仮定の上に成り立っていることが述べられています.

索　引

あ

アンペア····························· 16
アンペール······················ 16, 29
イオン····························· 117
イオン化··························· 117
一様電場··························· 154
移動度····························· 229
因果関係···························· 45
陰極線················· 98, 100, 102
ヴィーヘルト······················ 103
ヴィトリアス······················· 73
エネルギー························· 164
エネルギー保存則·················· 165
エフルーヴィア····················· 71
遠隔作用··························· 146
オーム···················· 27, 28, 232
オームの法則··············· 27, 45, 48
オクテット則······················ 119
おしくらまんじゅう················· 202

か

ガイスラー·························· 97
開放······························· 51
回路······························· 5
回路図····························· 24
カウフマン························· 103
殻························· 111, 114
価数······························ 117
価電子······················ 111, 115
荷電粒子··························· 17
ガラス電気························· 73
カルダーノ························· 69

貴ガス···························· 119
起電機····························· 87
起電力······················ 12, 182
軌道······················ 110, 113
キャベンディッシュ················· 81
共有結合·························· 120
ギルバート······················ 70, 89
キルヒホッフ······················ 30
キルヒホッフの法則················· 30
近似····························· 257
近接作用························· 146
金属············· 122, 127, 128, 202
金属結合·························· 122
クーロン···················· 15, 16, 79
クーロンの法則···················· 79
クーロン力························· 146
クランプメーター··················· 55
クルックス························· 98
グレイ···························· 82, 84
ゲーリケ··························· 82, 86
原因電荷·························· 150
原子····························· 110
原子核···························· 110
合成抵抗························· 33, 39
光速························· 247, 260
コーパスクル····················· 102
ゴールドシュタイン················· 98
琥珀······························ 66
コンダクタンス··········· 20, 28, 239

さ

最外殻··························· 115
ジーメンス························· 28

J.J. トムソン ················· 100
試験電荷················· 150
仕事················· 164
自由電子················· 118
自由電子の海················· 124
樹脂電気················· 73
象限················· 190
衝突················· 227
正味の電荷················· 116
磁力················· 68
真空放電················· 96
水流モデル·················7
スチュアート················· 105
ストーニー················· 102
正イオン················· 117
静電気力················· 66
静電誘導················· 128, 131
正に帯電················· 76, 78, 134
整流性················· 192
ゼーマン················· 106
絶縁体················· 85, 120, 127, 199
接触帯電················· 196, 199, 202, 205
接頭辞················· 262
相関関係················· 45
束縛電子················· 110, 118
素電荷················· 110

た

ターレス················· 66
ダイオード················· 192
帯電·········73, 134, 137, 199, 215
太陽電池················· 190
短絡················· 51
抽象化················· 254
中性················· 76, 134

中性子················· 110
直列接続················· 33
抵抗········· 18, 28, 233, 236, 239
抵抗率················· 239
定常電流················· 214
デュ・フェ················· 73
電圧················· 12, 173, 175, 186
電圧計················· 57
電圧降下················· 12
電位················· 9, 167, 170
電位勾配················· 9, 178
電位差················· 9, 173, 175
電荷················· 15, 74, 76
電荷素量················· 104, 110
電荷量················· 15
電気陰性度················· 122, 125
電気の 1 流体説················· 74
電気の 2 流体説················· 73
電球················· 244, 254
電気力················· 66
電子················· 102, 105, 110, 137
電子の海················· 130
電池················· 8, 86, 182
点電荷················· 157
電熱線················· 242
電場··
146, 148, 151, 154, 157, 178, 247
電流··· 15, 137, 140, 186, 224, 230
電流計················· 54
電流密度················· 230
電力················· 60, 186
電力量················· 60
導線················· 242
導体················· 85
導電率················· 239

トーマス・ブラウン……………………… 89
トールマン…………………………… 105
ドリフト……………………………… 224
ドリフト速度………………… 224, 227

な

内殻……………………………… 115
内部抵抗………………………… 55, 58
熱運動…………………………… 222
熱速度………………… 222, 224

は

バーソリウム…………………… 70
配線図…………………………… 24
倍率器…………………………… 43
箔検電器………………………… 208
バッテリー……………………… 185
発電機…………………………… 86
半導体…………………………… 120
万有引力の法則………………… 80
pn 接合 ………………………… 192
ヒットルフ……………………… 98
非平衡状態……………………… 215
表面電荷………………………… 218
ファラデー……………………… 146
負イオン………………………… 117
フィッツジェラルド…………… 102
フィラメント………………… 20, 244
負に帯電……………… 76, 78, 134
フランクリン…………………… 74
プリュッカー…………………… 99
分圧……………………………… 36
分極……………………………… 130
分流……………………………… 42
平衡状態………………………… 215

並列接続………………………… 39
ヘルツ…………………………… 101
ホークスビー…………………… 86
ポテンシャルエネルギー……… 168
ボルタ………………………… 11, 87
ボルト……………………… 11, 175

ま

マクスウェル…………………… 81
摩擦帯電………… 74, 77, 125, 134
マッゴウァン…………………… 91
ミリカン………………………… 104
面電荷…………………………… 158

や

誘電分極………………… 131, 201
陽子……………………………… 110

ら

レーナルト……………………… 101
レジナス………………………… 73
ロードストーン………………… 68
ローレンツ……………………… 106

わ

ワット…………………………… 61
ワトソン………………………… 96

人名 （左の索引にも入れていますが，人名のみ再掲しました．）

アンペール……………………… 16, 29
ヴィーヘルト……………………… 103
オーム…………………………… 27, 232

ガイスラー………………………… 97
カウフマン………………………… 103
カルダーノ………………………… 69
キャベンディッシュ……………… 81
ギルバート…………………… 70, 89
キルヒホッフ……………………… 30
クーロン…………………… 16, 79
クルックス………………………… 98
グレイ………………………… 82, 84
ゲーリケ……………………… 82, 86
ゴールドシュタイン……………… 98

ジーメンス………………………… 28
J.J. トムソン …………………… 100
スチュアート……………………… 105
ストーニー………………………… 102
ゼーマン…………………………… 106

ターレス…………………………… 66
デュ・フェ………………………… 73
トーマス・ブラウン……………… 89
トールマン………………………… 105

ヒットルフ………………………… 98
ファラデー………………………… 146
フィッツジェラルド……………… 102
フランクリン……………………… 74
プリュッカー……………………… 99
ヘルツ……………………………… 101

ホークスビー……………………… 86
ボルタ………………………… 11, 87

マクスウェル……………………… 81
マッゴウァン……………………… 91
ミリカン…………………………… 104

レーナルト………………………… 101
ローレンツ………………………… 106

ワット……………………………… 61
ワトソン…………………………… 96

―― 著 者 略 歴 ――

白藤　立（しらふじ　たつる）

　京都工芸繊維大学工芸学部卒業，京都大学大学院工学研究科
修士課程修了，京都大学大学院工学研究科博士後期課程中退，
博士（工学）．

　京都工芸繊維大学工芸学部助手，イタリアバーリ大学化学科
客員研究員，京都大学国際融合創造センター助教授，京都大学
産官学連携センター准教授，名古屋大学工学研究科特任教授を
経て，現在，大阪市立大学工学研究科教授．

●主な著書

『大気圧プラズマ　基礎と応用』（共著，オーム社）
『マイクロプラズマ　基礎と応用』（共著，オーム社）
『水の応用工学』（共著，日刊工業新聞社）
『プラズマCVDにおける成膜条件の最適化に向けた成膜機構
の理解とプロセス制御・成膜事例』（共著，サイエンス＆テ
クノロジー）
『電気回路学基礎』（プレアデス出版）

図説 電気回路の考え方

2021 年 11 月 15 日　　第 1 版第 1 刷発行

著　者　　白　藤　　立

発行者　　田　中　　聡

発　行　所
株式会社　電　気　書　院
ホームページ　www.denkishoin.co.jp
（振替口座　00190-5-18837）
〒101-0051　東京都千代田区神田神保町 1-3 ミヤタビル 2F
電話(03)5259-9160／FAX(03)5259-9162

印刷　中央精版印刷株式会社
カバーデザイン　HeADBAT 江口としや
DTP　八尋 亜子
Printed in Japan／ISBN978-4-485-30110-4

・落丁・乱丁の際は，送料弊社負担にてお取り替えいたします．

［本書の正誤に関するお問い合せ方法は，最終ページをご覧ください］

書籍の正誤について

万一，内容に誤りと思われる箇所がございましたら，以下の方法でご確認いただきますよう
お願いいたします．

なお，正誤のお問合せ以外の書籍の内容に関する解説や受験指導などは**行っておりません**．
このようなお問合せにつきましては，お答えいたしかねますので，予めご了承ください．

正誤表の確認方法

最新の正誤表は，弊社Webページに掲載しております．
「キーワード検索」などを用いて，書籍詳細ページをご
覧ください．
正誤表があるものに関しましては，書影の下の方に正誤
表をダウンロードできるリンクが表示されます．表示さ
れないものに関しましては，正誤表がございません．

弊社Webページアドレス
https://www.denkishoin.co.jp/

正誤のお問合せ方法

正誤表がない場合，あるいは当該箇所が掲載されていない場合は，書名，版刷，発行年月
日，お客様のお名前，ご連絡先を明記の上，具体的な記載場所とお問合せの内容を添えて，
下記のいずれかの方法でお問合せください．
回答まで，時間がかかる場合もございますので，予めご了承ください．

郵送先

〒101-0051
東京都千代田区神田神保町1-3
ミヤタビル2F
㈱電気書院　出版部　正誤問合せ係

ファクス番号　**03-5259-9162**

ネットで
問い合わせる

弊社Webページ右上の「**お問い合わせ**」から
https://www.denkishoin.co.jp/

お電話でのお問合せは，承れません

（2020年10月現在）